JN011254

エスカレーターのかがく

交通・輸送手段から考える

元田 良孝・宇佐美 誠史　共著

成山堂書店

本書の内容の一部あるいは全部を無断で電子化を含む複写複製（コピー）及び他書への転載は、法律で認められた場合を除いて著作権者及び出版社の権利の侵害となります。成山堂書店は著作権者から上記に係る権利の管理について委託を受けていますので、その場合はあらかじめ成山堂書店（03-3357-5861）に許諾を求めてください。なお、代行業者等の第三者による電子データ化及び電子書籍化は、いかなる場合も認められません。

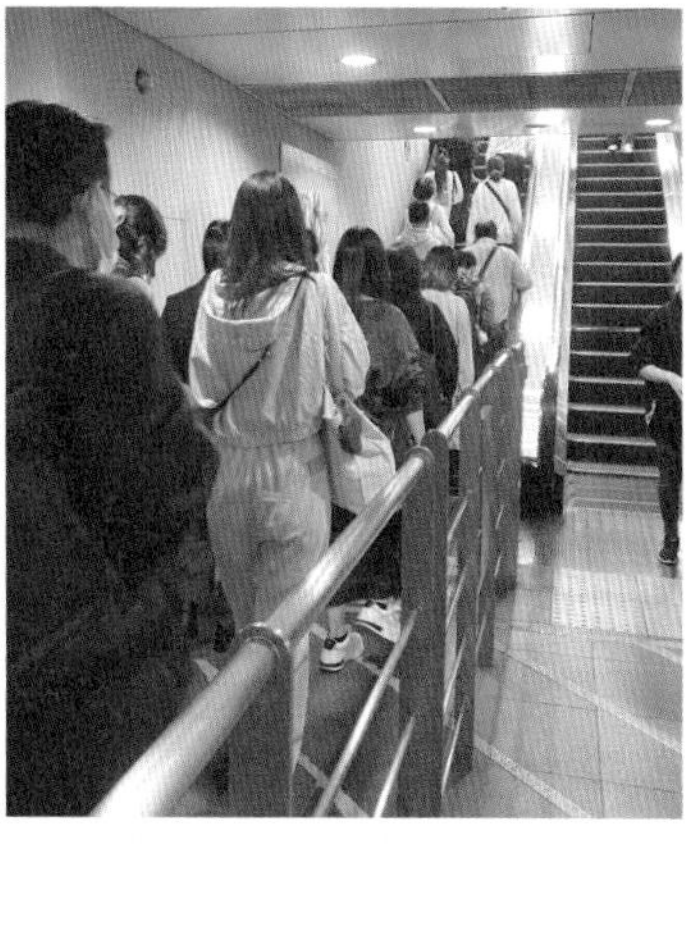

口絵 1
駅のエスカレーター

交通機関として利用されるエスカレーター。駅のエスカレーターは、人々の効率的な輸送を支えています。

口絵 2 ショッピング施設の階を結ぶエスカレーター（表参道ヒルズ）

6 階分の吹き抜けに設置されたエスカレーターです。こうした施設に設置されたエスカレーターは、輸送手段としてだけではなく、内観と調和するデザインも魅力です。

口絵 3 シースルーエスカレーター（梅田スカイビル）（下段：金進英氏提供）

左右のタワー（35 ～ 39 階）をつなぐシースルーエスカレーター（上段写真、上部の斜め部分）。梅田の景観を見下ろせる観光名所となっています。

口絵 4 中間が水平になるエスカレーター（JR 金沢駅）

地下から 1 階につながるエスカレーターは、階段とともにライトアップされており、印象的なデザインとなっています。

口絵 5 ライトアップされた幻想的なエスカレーター（渋谷スカイ）

片側にガラスの柵の設置された、屋外型エスカレーターです。屋外型としては日本一の高さとなる、地上約 230m に位置しています。

口絵 6

エスカレーターのメンテナンス作業

建築基準法第 12 条第 3 項により保守点検が義務付けられており、定期的なメンテナンス作業が行われています。

口絵 7

設置工事中のエスカレーターの内部

エスカレーターは、１年間で約１，０００台が新規に設置されています。設置場所の多くは商業施設で、設置件数全体の半数を超えます。

口絵 8 中間が水平になるエスカレーター（グランスタ東京）

既存の建物の天井や階段に合わせ、このような形が採用されることがあります。新幹線をイメージしたデザインが採用されています。

口絵 9 急勾配、緩勾配のエスカレーター（日枝神社）

日枝神社には、急勾配（35 度）（左）、通常の勾配（30 度）、緩勾配（16 度）（右上）の 3 種類のエスカレーターが設置されています。

口絵 10 らせんエスカレーター（那覇 国際通り おきなわ屋）

国内では珍しい、らせんエスカレーター。現在は、三菱電機ソリューションズ株式会社が、世界で唯一、製造を行っています。

口絵 11 照明効果を組み合わせたエスカレーター（MOA 美術館 ）

アーチ型の壁面や天井は 7 色の照明で照らされ、時間とともに色彩が変化します。

口絵12 デザイン性のあるエスカレーター（福井県立恐竜博物館）

らせん状の階段の中央に直線のエスカレーターが配置された印象的なデザインは、黒川紀章による設計です。

口絵13 屋外に設置された長いエスカレーター（京都駅ビル）

高低差のある大階段の脇に設置された、長いエスカレーター。途中には水平部分がとられています。

はじめに

私たちがエスカレーターに接する機会は極めて多いと思いますが、エスカレーターに関する書籍は少なく、特に交通面を論じたものは皆無といっていい状態です。本書ではエスカレーターの歴史、構造のみならず、安全性や輸送特性など今まで取り上げられてこなかった側面にも光を当てて、エスカレーター全般について一種の百科事典的な書籍を目指しました。

また一般書と専門書の中間を目指し、エスカレーターの管理や製造に関わっている専門分野の方だけでなく、広く一般の読者の方にも理解しやすいよう数式をなるべく使わず図や写真を中心にまとめています。さらに理解を深めるため、興味ある動画についてもいくつかＱＲコードを通じてご覧になれるようにしました。その他エスカレーターに関するトピックを集めた「コーヒーブレーク」を用意し、読者の皆さまに楽しんでいただこうと思っています。

本書ではエスカレーターの歩行についても議論しています。エスカレーターの歩行は長い間世の中に定着した習慣とはいえ是非の意見が大きく分かれ、しばしばマスコミを賑やかしておりますが決着がついておりません。今までは歩行すべきか・すべきでないかという、「べき論」からの議論が多かったのですが、本書では今までになかった工学的な視点を導入し、データから考えていただけるようにしました。

出版のきっかけは、ある会合でエスカレーターの講演をしたところたまたまいらしていた出版社の方の目に留まり、機会を作っていただいたことです。筆者らは土木技術者でエスカレーターのハード面についてほとんど知らなかったのですが、思い切って今までに集めた知識をまとめ、歩行問題だけでなく誰でもエスカレーターの物知り博士になれるような本を目指しました。少々チャレンジングな本なので、もし間違いやご意見があれば遠慮なくご指摘願いたいと思います。なお本書は主に鉄道駅のエスカレーターについて述べていますが、商業施設などのエスカレーターについては機会があれば別途ご紹介したいと思います。

本書の交通に関するデータのほとんどは文部科学省の科研費（18K04394）による研究で得られたもので、研究助成に感謝します。また研究や情報提供に協力いただいた東京地下鉄株式会社、東日本旅客鉄道株式会社、首都圏新都市鉄道株式会社、東芝エレベータ株式会社、一般社団法人日本エレベーター協会等の多くの方々に感謝いたします。最後にこのテーマを取り上げていただき、丁寧にご指導をいただいた成山堂書店と編集担当の板垣洋介さん、後藤祥子さんに感謝します。

2024年1月

元田良孝

目　次

はじめに …… i

序　章　エスカレーターと私たち …… 1
コーヒーブレーク　小説〝エスカレーター〟 …… 16

第1章　エスカレーターの歴史と現状 …… 17
1.1　エスカレーターの歴史 …… 17
コーヒーブレーク　歩道橋のエスカレーター …… 22
1.2　エスカレーターとエレベーター …… 23
1.3　エスカレーターの種類 …… 24
1.4　産業としてのエスカレーター …… 28
コーヒーブレーク　エスカレーターを素材にした楽曲 …… 32

第2章　エスカレーターの構造 …… 33
2.1　機器の名称と構造 …… 33

2.2 エスカレーターステップの水平保持メカニズム……38
2.3 トラス……39
2.4 駆動機……43
2.5 欄干……44
コーヒーブレーク　エスカレーター効果……48

第3章 エスカレーターに関する法制度……49
3.1 エスカレーターの製造、設計、運行に必要な法律……49
3.2 エスカレーターの利用方法に関する法律……56
コーヒーブレーク　3大はた迷惑？……61
コーヒーブレーク　名古屋市のエスカレーター条例……62

第4章 エスカレーターの安全性……63
4.1 エスカレーターの事故……63
4.2 安全対策……71
コーヒーブレーク　ロンドン地下鉄火災の原因は……79

第5章 エスカレーターとバリアフリー……81
5.1 エスカレーターのバリアフリー……81

5.2　バリアフリーの法律……86
5.3　バリアフリー整備ガイドライン……92
コーヒーブレーク　日本のバリアフリー……95

第6章　エスカレーターの交通と運搬能力……97
6.1　交通工学的にみるエスカレーター……97
6.2　交通容量とは……98
6.3　実際の運搬状況……107
6.4　歩行利用者の交通容量……111
コーヒーブレーク　「エスカレートする」……114

第7章　歩行の実態と効果……115
7.1　エスカレーターの歩行のはじまりと現状……115
7.2　歩行の特徴……120
コーヒーブレーク　2列停止利用の自然発生……125
7.3　歩行の輸送効率性……126
7.4　歩行問題をめぐる議論……131
コーヒーブレーク　ベビーカーとエスカレーター……136

第8章　1人乗りエスカレーター……139
8.1　1人乗りエスカレーターとは……139
8.2　1人乗りエスカレーターの利用状況と問題……142
8.3　利用者の意識と課題……147
コーヒーブレーク　エスカレーター式……149

第9章　特殊なエスカレーター……151
9.1　動く歩道……151
コーヒーブレーク　空港内の移動手段……158
9.2　中間が水平になるエスカレーター……159
9.3　急勾配のエスカレーター、緩勾配のエスカレーター……159
9.4　らせんエスカレーター……163
9.5　高速エスカレーター、長いエスカレーター、短いエスカレーター等……165
コーヒーブレーク　マンベルト……173

おわりに……175
索　引……177
付録　エスカレーターの主な法令……(1)

序 エスカレーターと私たち

エスカレーターは私たちにとって大変身近な交通機関です。鉄道で通勤や通学をしている人はほぼ毎日エスカレーターを利用するでしょう。オフィス内にエスカレーターがあるところにお勤めをしている人もいると思います（写真０－１）。

デパートやショッピングセンターにはエスカレーターがあり、１日に何回も利用する人もいるでしょう（写真０－２）。しかし、エスカレーターについて詳しく知っている方はそれほど多くないのではないでしょうか。この本ではあまり知られていない交通面を中心にエスカレーターについて探ってゆこうと思います。

さて、私たちがよく使う鉄道駅には一体何台のエスカレーターがあるのでしょうか。ネットでいくら検索しても出てきませんね。そこで駅構内図をもとに、ＪＲ等主要駅改札内でのエスカレーターの数を数えたのが表０－１です。駅構内図と実際が違っている場合もあり、あくまでも参考の数としてみてください。なお本書執筆時に大規模工事中の札幌駅、渋谷駅は除外しました。

写真 0-1　オフィスビル内のエスカレーター（丸の内永楽ビル（上）、新丸ビル（下））

エスカレーターは様々な場所に設置されており、とても身近な移動手段です。

写真 0-2　ショッピングセンター内のエスカレーター

各階をつなぐエスカレーター。1日に何度も利用する場合もあります。

写真 0-3　東京駅の混み合うエスカレーター

JR 東京駅は、1 日平均の乗車人数では都内で 3 番目（JR 東日本、2022 年度調査）ですが、エスカレーター設置数は圧倒的に多い駅です。

表 0-1　JR 等主要鉄道駅エスカレーター数（改札内）

駅名	鉄道事業者	エスカレーター数	確認月	備考
東京	JR 東日本	144	2022.7	動く歩道含む
大阪	JR 西日本	68	2022.10	
上野	JR 東日本	46	2022.11	
新宿	JR 東日本	44	2022.6	
博多	JR 西日本	37	2022.3.1	
京都	JR 西日本・東海	35	2020.6	
品川	JR 東日本・東海	32	2022.1	
秋葉原	JR 東日本	31	2022.1	
新大阪	JR 東海	31	2021.5	
名古屋	JR 東海	29	2022.11	
仙台	JR 東日本	26	2022.10	
北千住	東武鉄道	25	2023.5	
新橋	JR 東日本	20	2022.3	
所沢	西武鉄道	18	2023.5	
大崎	JR 東日本	16	2020.11	
横浜	JR 東日本	13	2023.5	
難波	近鉄	11	2023.5	
大阪梅田	阪急	10	2023.5	
池袋	JR 東日本	8	2022.3	
高田馬場	JR 東日本	2	2021.4	ホーム数 1

写真 0-4　東京駅の動く歩道

JR 東京駅は京葉線のホームが離れているので、空港のように動く歩道が設置されています。

ご覧になって分かるように圧倒的に多いのが東京駅（写真０－３）です。１４４台と、２番目の大阪駅の倍以上もあります。また東京駅には京葉線への連絡通路に、他の駅にはあまりない動く歩道９台（写真０－４）も含まれています。

一方、高田馬場駅は乗降客数では山手線で10位以内に入る主要駅ですが、ホームが1つしかないためエスカレーターは２台です。東京駅のエスカレーター数が多いのは、乗り入れている路線が多くホーム数が多いことと、東北・東海等の新幹線や中央線の高架ホーム、地下に総武線ホーム、少し離れた地下に京葉線ホームがあり、立体的にも巨大な駅をひとまとめにするため多くのエスカレーターが必要になったからだと思われます。特に、中央線の発着する東京駅でも位置の高い1、2番線ホームには14台ものエスカレーターが設置されています（写真０－５）。この数は1ホーム当たりのエスカレーター数としても全国一といっていいのではないでしょうか。表に示したのは改札内のみの数字なので、改札外の通路や連絡する私鉄、地下鉄等のエスカレーターも含めると膨大な数になります。読者の皆さんもいつも利用される駅のエスカレーターを数えてみるのはいかがでしょうか。

ところで、エスカレーターとエレベーターはよく間違えることがあ

写真 0-5　東京駅 1、2 番線のエスカレーター
中央線のホームはJR東京駅で最もエスカレーターが多く、14台あります。

りますので比較してみましょう。いずれも外来語のカタカナ表示で、同じ「エ」から始まっていて長音が2つずつ入るのも一緒ですし、高いところと低いところを結ぶ交通機関という点も共通しています。英語ではescalatorとelevatorですが、eから始まりorで終わる似通った単語で英語圏の外国人もよく間違うそうです。ところが交通機関としての両者の性格はかなり違います。読者の皆さんがエスカレーターとエレベーターの置かれている場所を思い浮かべれば、使われ方の違いを理解することができるでしょう。エスカレーターはすぐに乗れて連続的に大量の交通を運ぶのに対し、エレベーターは「かご」と呼ばれる客室が上下に往復し、それが自分のいるフロアに到着するまで待つ必要があり、非連続的に少数の人を運びます。エスカレーターとエレベーターの特徴を比較すると表0－2のようになります。

このような特徴から、エスカレーターは駅やショッピングセンター等のように多くの人が利用し、大きな空間があり、あまり高低差のない場所への設置が適しています。駅やショッピングセンターにもエレベーターがありますが、一般利用者の輸送用というよりは、主に障害者や高齢者のバリアフリーの目的で設置されています。また低層階間は別にして高層ビルの上下移動にエスカレーターは使われていませんし、狭い個人住宅でエスカレーターが使われることもありません。

エスカレーターの形にはいくつかの種類があります。よく見かけるのがステップに並んで乗れる2人乗りで、これより狭い1人乗りもあります（写真0−6）。では3人乗り、4人乗りはあるかというと、実はありません。国内のエスカレーターの仕様は建築基準法で定められていて、ステップの幅が1・1m以下という規定があるからです。もしステップの幅を広く

写真 0-6　2人乗りと1人乗りのエスカレーター（有楽町線豊洲駅）

エスカレーターには並んで乗れる2人乗りと、1人乗りがあります。

表 0-2　エスカレーターとエレベーターの特徴比較

比較項目	エスカレーター	エレベーター
輸送形態	連続的	非連続的
輸送量	大量	少量
移動速度	遅い	速い
バリアフリー	適合しにくい	適合する
高低差	比較的低い範囲	制限なし
設置面積	大きい	小さい

して3人並んで乗れるようになったとしても、真ん中の人は手すりに掴まることができず不安定になるでしょう。では海外では3人乗り以上のエスカレーターがあるかどうかですが、筆者の調べた範囲では見つかりませんでした。

エスカレーターの角度はどうでしょうか。これも法律で定められていて30度以下となっており、例外として35度まで認められています。30度の施設が大半ですが、エスカレーターの設置スペースを縮少して売り場面積を増やしたい商業施設では35度がよく用いられています。エスカレーターの構造や法制度については第2章「エスカレーターの構造」、第3章「エスカレーターに関する法制度」をご覧ください。

写真 0-7　ステップのくし、黄色いラインと溝
巻き込まれ防止の様々な工夫がされています。

エスカレーターに乗るとすぐ気が付くのはステップが黄色いラインで縁取られていることです。またステップや階段でいう蹴込み板（ステップとステップの間の板、ライザー部と呼ばれます）は平らでなく、必ずといっていいほどクリートと呼ばれる細かい溝が切ってあります(写真0－7)。さらにエスカレーターのステップが吸い込まれてゆく乗降口に黄色い「くし」と呼ばれる装置があり、ステップのクリート（溝）と噛み合わさっていますが、何のために設置されているのでしょうか。

これらは全て安全対策のためです。考えてみるとエスカレーターは巨大な力で動く機械で、その中に人が入ってゆくのは実は大変な危険と隣り合わせなのです。エスカレーターの事故はエスカレーター内で転ぶこと、挟まれること、エスカレーターの外に転落することに分類されています。ここでお話しした黄色いライン等はエスカレーターに靴や衣服が挟まれないための装置なのです。利用者を黄色いラインの中に立たせて動いているステップ周辺部分から遠ざかるように誘導し、靴や衣服の一部が溝に入っても噛み合わされる溝がそれを排出する動きをして事故を防いでいます。エスカレーターの様々な安全対策については第4章「エスカレーターの安全性」をご覧ください。

　エスカレーターのバリアフリーはどうなっているのでしょうか。車いす利用者やベビーカーはエレベーターに乗れますが、エスカレーターの利用は転落の可能性があり大変危険です。中には車いすが乗れるよう設計された特殊なエスカレーター（第5章「エスカレーターとバリアフリー」で説明します）もありますが、例外的です。さらに第7章「歩行の実態と効果」で詳しく説明しますが、エスカレーターを歩行する人がバリアフリーの障害になっています。エスカレーターでは安全のため突然の停止等に備えて手すりに掴まる必要があります。ところがエスカレーターを歩く人のために片側を空ける社会習慣が定着していて、手すりに掴まれない人が出てきています。規則で決まっているわけではありませんが関東では進行方向に向かって右側、関西では左側を歩行のため空けることになっています。しかし障害者や高齢者の中には、どちらかの手しか使えないために、歩行用に空けている側にしか立てない人がいます。このような方にとってエスカレーターは、設置されていても利用できない乗り物になっています。エスカレーターの歩行の是非の議論については第7章をご覧ください。

　歩行の話が出てきたついでに、エスカレーターでどちら側に立つかという「古典的」な話題があり

写真0-8　新大阪駅（新幹線ホーム）のエスカレーターの利用
大阪でも左側を歩くとは限りません。

ますので、筆者の個人的な経験をお話ししましょう。日本では目玉焼きにソースをかけるか醤油をかけるかなど、関東と関西で生活習慣が違うことがあり、エスカレーターでも関東が進行方向の左に立ち、関西が右に立つという習慣の違いがあります。筆者は東京生まれですが役人時代大阪に転勤になった時、それまでの習慣でエスカレーターの左側に立っていたら後ろから来た女性ににらまれる経験をしました。ところがよく観察すると関西でもエスカレーターの左側に立つ場合もあります。例えば新幹線の大阪駅では関西にもかかわらず左側に立っています（写真0−8）。地元の方に聞くと新幹線や空港など関西以外からの利用者が多いところでは左に立つことが多いそうです。ちなみに海外ではほとんど関西方式で右側に立ちます。車の通行方法の違いかと思いましたが、日本と同じ左側通行の英国でも右側に立ちます。なぜかは興味のあるところですが、エスカレーターの右立ち左立ちの問題は以前からかなり議論されていますので本書ではこれ以上触れないことにします。

エスカレーターはどれくらいの人数を運んでいるのでしょうか。1時間に輸送できる人数は比較的簡単に計算できます。歩行する人がいると計算が複雑になりますので、止まって乗る人の場合で説明します。第6章で詳しく解説しますが、エスカレーターの速度は30m毎分がほとんどで、1分間に30m進みます。ステップの奥行は40㎝ですから、全てのステップに人が乗ると、1分間に30m÷0・4m＝75人を運ぶことができ、1時間では75人×60分＝4，000人となります。2人乗りだと1つのステップに2人乗りますから、輸送量はこの倍で9，000人になります。ところが実際は、ステップの奥行が狭いため、全部のステップに利用者が乗ると体格の良い人や荷物を持った人は前後の人と接触してしまい窮屈になります。このため混んでいる場合でも前の人と1ステップ空けて乗る人が多く、2人乗りのエスカレーターではこの計算の半分の1時間4，500人くらいがゆとりをもって輸送できる上限と考えられます。一方エレベーターの輸送量の計算は複雑になります。乗る階から目的階へ行って戻ってくるまでの1サイクルの時間と客室（かご）の定員により左右されますが、高低差4～5mで定員が10名程度であれば1時間に輸送できるのは数百人レベルで、エスカレーターとは一桁数字が違ってきます。このようにエスカレーターはエレベーターより大量の輸送に適しています。輸送量の詳しい説明は第6章「エスカレーターの交通と運搬能力」をご覧ください。

写真 0-9　混雑時のエスカレーター（有楽町線豊洲駅）

表０－２でエスカレーターの速度がエレベーターより遅いことを示しましたが、ではどれくらいの速度なのでしょうか。日本ではエスカレーターの速度はおおよそ20～40ｍ毎分ですが海外では58ｍ毎分とこれより速いエスカレーターもあります（第９章の「特殊なエスカレーター」に詳しく説明しています）。国内で最も多い標準的な速度は30ｍ毎分で、時速１・８㎞となります。歩行速度は平地で時速約４㎞ですからかなり遅く感じますが、階段を登る速度とほぼ同じです。30ｍ毎分以上は高速エスカレーターと呼ばれることがあります（写真０－10、動画①）。

一方エレベーターの速度は30～60ｍ毎分が多いのですが、ビルが高くなるに連れてエレベーターの速度も進化してきました。高層ビルでは1，０００ｍ毎分（時速60㎞）以上の超高速エレベーターもあります。エスカレーターは斜めに進みますので、垂直方向の移動速度で比較すると勾配30度、速度30ｍ毎分の標準的なエスカレーターでは垂直方向の速度は15ｍ毎分となり、エレベーターよりかなり遅い乗り物といえます。ただしエレベーターはいつでもすぐに乗れるとは限らな

動画①

写真 0-10　高速エスカレーター（つくばエクスプレス秋葉原駅）

つくばエクスプレス秋葉原駅のホームは地下深く（約 34m）にあるので、高速エスカレーターが使われています。　※写真上の QR コードから動画がご覧いただけます

いので、目的階にどちらが速く着くかは条件によって異なってきますが、高低差が大きくなるほどエレベーターが有利になってきます。

表0－2ではエスカレーターは比較的低い高低差で使われるとしましたが、エスカレーターの長さはどのようになっているのでしょうか。建物だとフロアからフロアを結ぶものが多いと思いますが、商業施設の1フロアの高さはおよそ4、5mが標準ですので、デパートやショッピングセンターではこのくらいの高低差のエスカレーターが多いでしょう。エスカレーターは斜めに設置されますので、勾配が30度の場合長さはおおよそ高低差の2倍になります。ですから商業施設では乗降口を除いて8～10m程度の長さのエスカレーターが多いといえるでしょう。

鉄道駅では駅の構造に合わせて設計するの

写真0-11　高低差のあるエスカレーター（南北線後楽園駅）
高低差20m、長さはおおよそ40mになります。

で長短様々ですが、長いものは高低差20m（長さおおよそ40m）を越えるものもあります（写真0－11）。高低差20mを通過するには20m÷15m／分≒1・33分で1分20秒くらいかかることになります。国内の駅のエスカレーターで最も高低差があるといわれているのが京浜東北線の大井町駅のエスカレーターで、高低差22mです。ちょっとした乗り物気分ですね。世界や日本の長いエスカレーター、短いエスカレーターについては第9章の「特殊なエスカレーター」で詳しく説明します。

この点エレベーターはどのような高さの建物でも使われています。高さ500m以上ある台湾・台北の101ビル（写真0－12）の世界最速クラスといわれる高速エレベーターは1階から高さ382mにある89階の展望台までをわずか30数秒で結んでいます。ですが仮に89階までエスカレーターがあったとすると、展望台まで25分以上かかることになります。逆に駅でエスカレーターの代わりにエレベーターだけで人を輸送しようとしたら、エレベーターが数十台も並ぶ大変大きな設備が必要になり、事実上設置不可能でしょう。このようにそれぞれの特性を生かしてエスカレーターとエレベーターが使い分けられています。
それでは次の章から詳しくエスカレーターの世界を覗いてゆきましょう。

写真 0-12　台北の 101 ビル

台北の 101 ビル（高さ 502.9m）の世界最速クラスといわれる高速エレベーターは、1 階から高さ 382m にある 89 階の展望台までをわずか 30 数秒で結んでいます。

コーヒーブレーク
小説〝エスカレーター〟

この本を執筆するために図書館で調べていたところ、文学界1958年11月特別号に記載された「エスカレーター」という題名の短編小説を発見しました。著者は椎名麟三で、戦後活躍された小説家です。しかしこの小説は全くエスカレーターとは関係のないものでした。一人の平凡なサラリーマンの日常を描いた物語で、エスカレーターという言葉は3回出てきました。自分がエスカレーターに乗せられてどこかへ運ばれてゆく気分という比喩表現に使われていました。1958年頃はデパートでエスカレーターが普及してきたころで、作者もよく乗られたのでしょう。

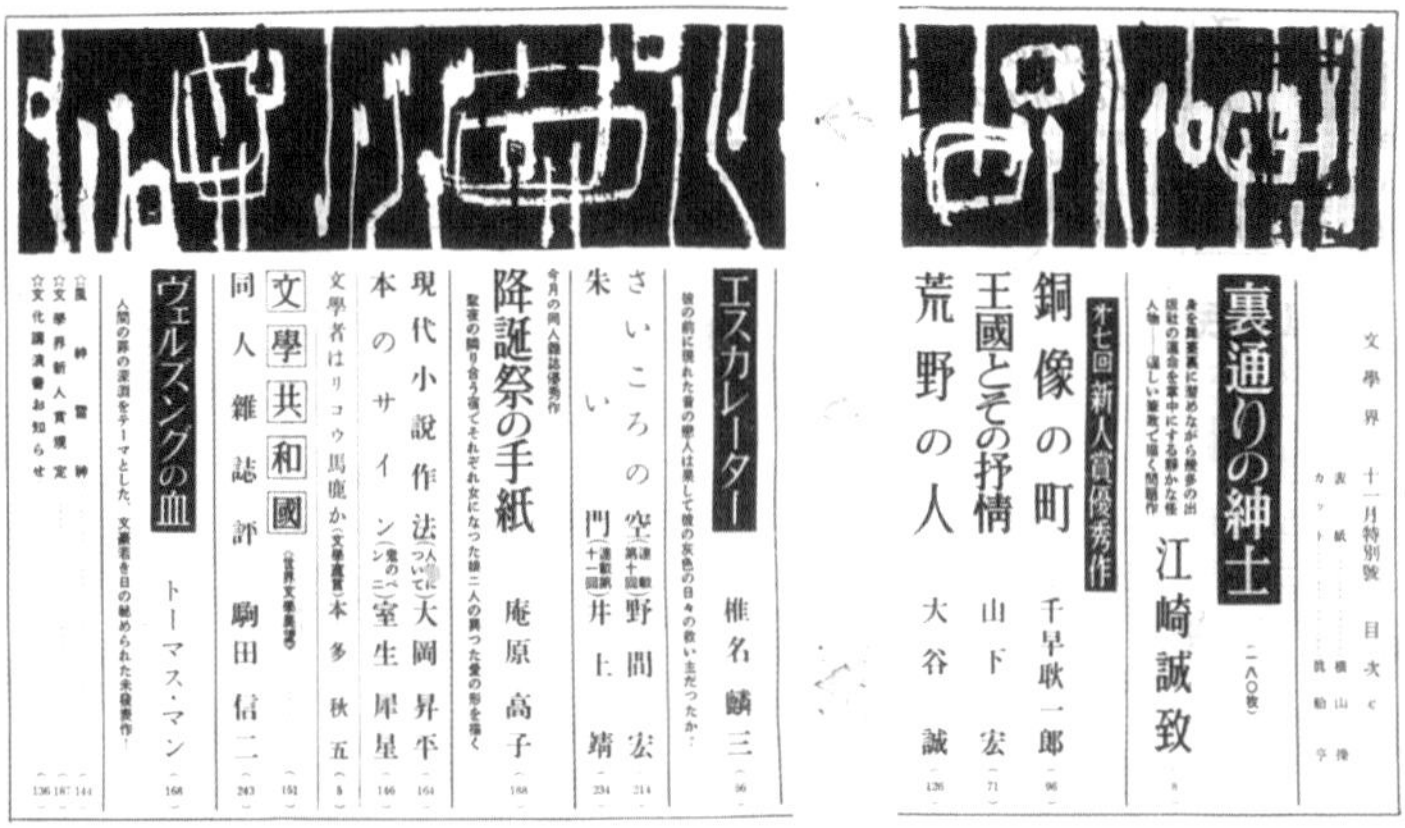
文學界　十一月特別號　目次
表紙……横山操
カット………凱船亭

裏通りの紳士（二八〇枚）　江崎誠致（8）
オ七回新人賞優秀作
銅像の町　千早耿一郎（96）
王國とその抒情　山下宏（71）
荒野の人　大谷誠（126）
エスカレーター　椎名麟三（96）
彼の前に現れた昔の戀人は果して彼の灰色の日々の救い主だったか…
さいころの空（連載第十回）　野間宏（214）
朱い門（連載第十一回）　井上靖（234）
今月の同人雑誌優秀作
降誕祭の手紙　庵原高子（188）
現代小説作法（人生について）　大岡昇平（164）
本のサイン（鬼のペン二）　室生犀星（146）
文學者はリコウ馬鹿か（文學漫言）　本多秋五（5）
文學共和國（世界文學展望）（151）
同人雜誌評　駒田信二（243）
ヴェルズングの血　トーマス・マン（168）
☆風神雷神（144）
☆文學界新人賞規定（187）
☆文化講演會お知らせ（136）

文学界 1958 年 11 月特別号の目次
井上靖、大岡昇平、室生犀星等のビッグネームが並んでいます。

1 エスカレーターの歴史と現状

1.1 エスカレーターの歴史

エスカレーターと比較されることの多い「エレベーター」の起源はとても古く、紀元前に古代ギリシャのアルキメデスが発明したといわれています（図1－1）。一方で、エスカレーターの起源は比較的新しく、1859年にネイサン・エームズ（Nathan Ames）が「回転式階段」として、アメリカで特許を取ったのが最初とされていますが、実用化までは至りませんでした（図1－2）。その後30年以上たって1892年にジョージ・H・ウィラー（George H. Wheeler）が「動力で動く手すり」を、同じ年にジェス・W・リノ（Jesse W. Reno）が「循環式コンベアまたはエレベー

図 1-1　古代のエレベーター
（日本エレベーター協会ホームページより）
荷物を高いところに届けるために滑車とロープを使用して人力で引っ張る道具が、エレベーターの起源です。

ター」という特許を取得して実用化に至り、これらが現在のエスカレーターの原型となりました。

「エスカレーター（Escalator）」の名前はエスカレーター黎明期の発明者の1人であるシーバーガー（Charles Seeburger）が１９００年に商標登録した、「エレベーター（Elevator）」とラテン語の「階段（Scala）」をあわせた造語です。その後、シーバーガーから１９１０年にアメリカのエレベーター会社「オーチス社」に特許権とともに名称使用権が売却されて以来、「エスカレーター」は長い間同社の登録商標名でした。しかし時代とともにこの名称が一般化したため、１９５０年にアメリカの特許庁により商標権が放棄され、一般名称として「エスカレーター」が使われるようになりました。「エスカレーター」は、歴史の中では比較的新しい名称で、「拡大する」という意味の動詞「escalate」もここから派生しています。

エスカレーターの社会的なデビューは、１９００年にパリで行われた「万国博覧会」に出展された時と考えられています。日本では１９１４年に上野公園で行われた「東京大正博覧会」で、「自働階段」として初のエスカレーターが設置されました（写真１－１）。

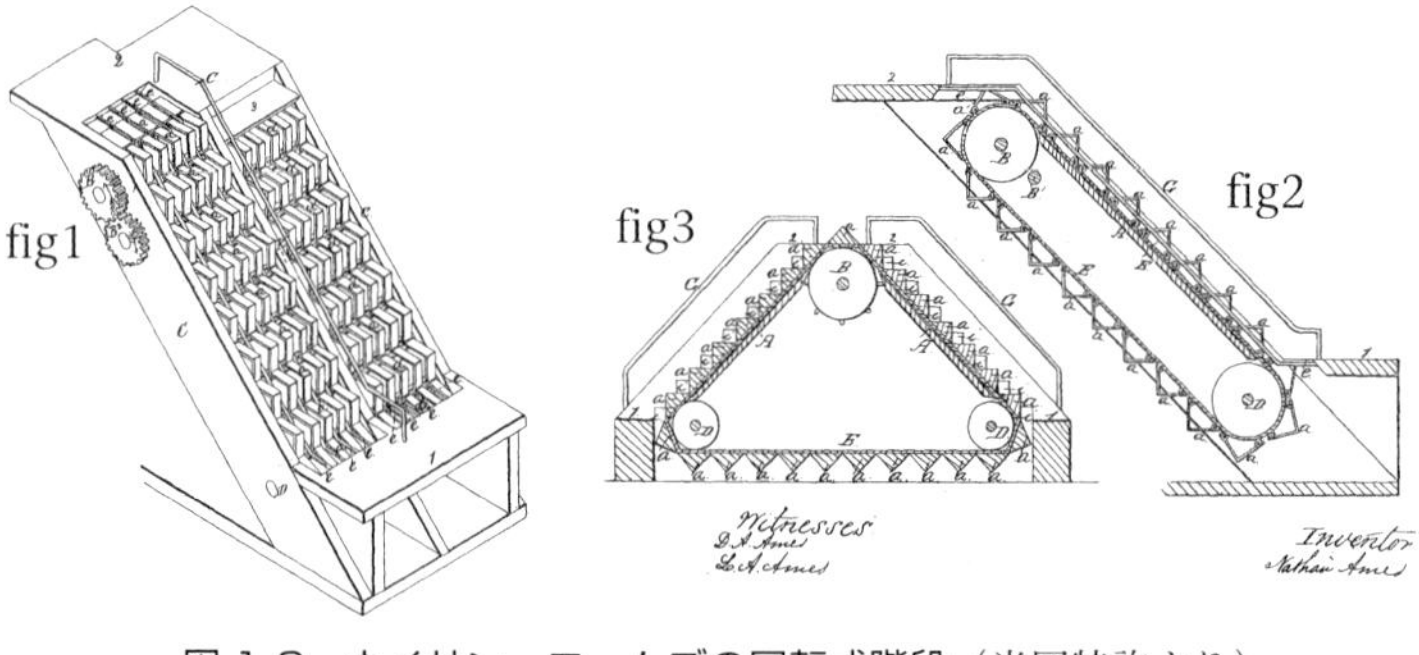

図 1-2　ネイサン・エームズの回転式階段（米国特許より）
エームズは２種類の方法（Fig1 と Fig2,3）を提案しています。

写真 1-1　東京大正博覧会エスカレーターと同博覧会宣伝用絵葉書[1)]

この博覧会の入場者数は、およそ750万人だったとされています。

写真 1-2　三越呉服店のエスカレーター（1914年）[1)]

三越のPR誌『三越』では、「東洋の建築に始めて応用される自働階段（エスカレータア）」として、エスカレーターの特徴や仕組み、安全性が紹介されました。

博覧会は、台地上の上野公園の第1会場と不忍池周辺の第2会場に分かれていたため高低差があり、この2会場をエスカレーターで結んでいました。写真1－1の絵葉書には、「上りと下りがあり速度は1分間に60尺（約18ｍ）」と書かれています。現在多く使われているエスカレーターの速度は30ｍ毎分程度ですので、かなり遅いものでした。一方、写真から推定される勾配は30度で、現在のものと同じ程度です。エスカレーターは有料で乗車賃は10銭（今の数百円）だったそうです。

東京大正博覧会の同年には三越呉服店（現三越百貨店）の新館にも導入されました。写真1－2は、三越呉服店のエスカレーター設置当時の写真です。1人乗りの上りで、入口右手には「エスカレーターボーイ」と思われる係員が写っています。エスカレーターに係員を配置する例は昭和40年代頃まであり、多くは女性で、乗り降りの介助や緊急時の非常停止ボタンの操作等が役目でした。筆者も幼い頃に白い手袋をしたエスカレーターガールを見た記憶があります。

一方、エレベーターは1890年に近代日本初期の高層建築である浅草凌雲閣（図1－3）（高さ52m、12階建て）に日本で初めて設置されていましたので、エスカレーターの登場はその少し後だったことになります。残念なことに両施設とも1923年の関東大震災で崩壊してしまいました。鉄道施設のエスカレーター設置はこれよりやや遅く、1925年に新京阪天神橋駅（現阪急・大阪メトロ天神橋筋六丁目駅）に初導入されました。旧国鉄では1932年に

図 1-3　凌雲閣（東京都立図書館所蔵）
エレベーターは8階まで運転されていて、1回に15～20人ほど乗れたようです。

秋葉原駅で初めて導入されています。

しかしエスカレーターは太平洋戦争での軍需物資不足から戦時中にほとんどが供出されてしまい、終戦時には国内には1台も残っていなかったといいます。ちなみに、戦後に設置されたエスカレーターの第1号機は１９４９年の東京・松坂屋銀座店のもので、以降全国に普及し、デパートの一種のシンボルとなりました。

また、今では多くの施設で設置されている「動く歩道」はエスカレーターの発展形と思われがちですが、前述のジェス・W・リノがエスカレーター黎明期に最初に発明した「傾斜したエレベーター」（図１－４）は、動く歩道とよく似ており、これがエスカレーターの原型ともいえます。

日本で動く歩道が初めて設置されたのは１９６１年の横浜・山下公園の氷川丸の見学者通路とされていますが、有名になったのは１９７０年の大阪万博会場（写真１－３）でした。

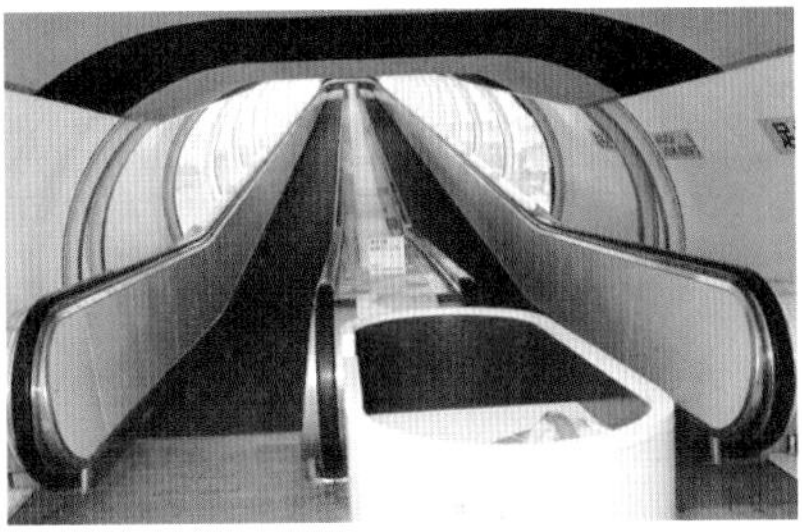

写真 1-3　大阪万博の「動く歩道」
（提供：三精テクノロジーズ株式会社）
「未来の道路」として注目を集めました。

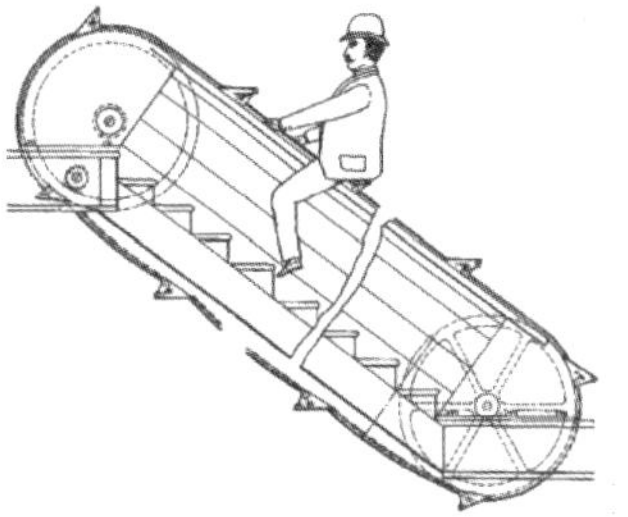

図 1-4　リノの傾斜エレベーター
リノによる世界初のエレベーターは、ニューヨークのコニーアイランドに設置されました。

コーヒーブレーク

歩道橋のエスカレーター

歩道橋は1960〜70年代の交通戦争の切り札として注目を集めましたが、最近は利用者が少なくバリアフリーに反するので撤去が続いていて、数も減ってきました。その中で注目されるのが錦糸町駅前にあるエスカレーター付歩道橋です。駅前を通る国道14号を渡る歩道橋ですが、バリアフリーの声を受けて1976年に全国で初めて設置されました。屋外のエスカレーターとしても珍しい存在です。筆者が役人時代の先輩に聞いた話では難産だったようで、「歩道橋にエスカレーターを付けるのは贅沢だ」と大蔵省（当時）が反対し、建設省（当時）が「道路を渡る歩行者がなくなれば車がスムーズに流れる」と車目線で説明してようやく予算を付けてもらったとの逸話があります。1970年代はバリアフリーに対しての考え方もまだ一般に浸透しておらず、車優先社会でした。

錦糸町駅前の歩道橋エスカレーター

全国初のこのエスカレーターは、補修を行いながら現在も稼働しています。

1.2　エスカレーターとエレベーター

序章でも述べましたが、エスカレーターとエレベーターは、人や荷物などを高所−低所に移動させる役割をもち、同じ昇降機として分類されます。これらを一般社団法人日本エレベーター協会（加盟96社）のデータから見てみます。実は、新規設置台数でも保守台数でもエレベーターの割合が圧倒的に大きくなっています（図1−5）。エレベーターはコンパクトで設置面積も小さく、上昇も下降も同じ機械でできます。また、高層階にも対応できて効率的ですが、連続的な輸送はできず、かつ一度の輸送量は大きくありません。一方、エスカレーターは設置のために大きな面積を占め、1台で上り下りを同時に兼ねることはできません。ただし、高層階には不向きですが、連続的に大量の輸送ができる利点があります。仮に10人乗りのエレベーターで1階を往復する時間を乗り降りの時間も含めて2分とすると、1時間に30往復できるので1方向では1時間に30×10＝300人輸送できます。一方のエスカレーターの輸送量は後の章で説明しますが、標準的な

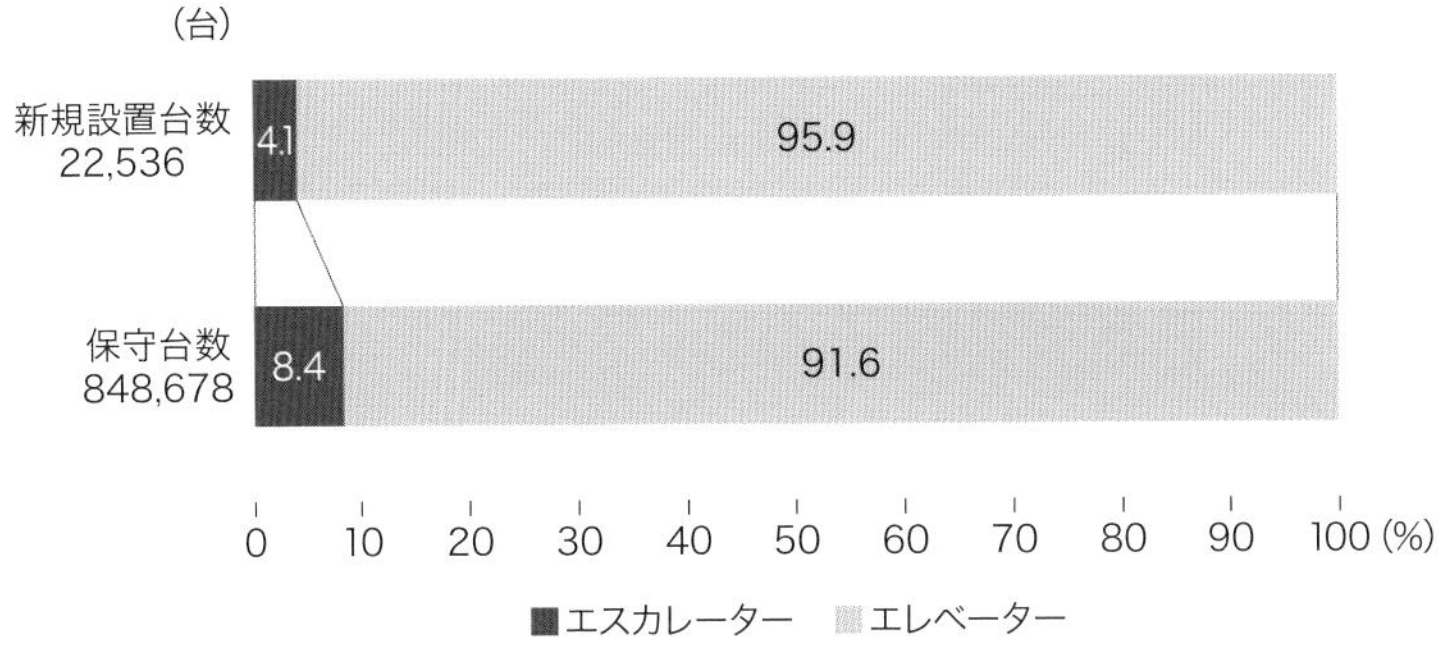

図 1-5　エスカレーターとエレベーター台数の比較（日本エレベーター協会 2021 年度）

ビルの高層階化によりエレベーターの新規設置台数は増え続けています。

30m毎分の速さの2人乗りで1段置きに利用者が乗ると、1時間に4，500人と大量に輸送できます。このため住宅やオフィスにはエレベーターが適しており、大勢の人が利用する駅やショッピングセンターにはエスカレーターが適しているといえます。図1－6は2021年度に新規に設置されたエスカレーターとエレベーターの設置場所を示していますが、エレベーターは住宅が多いのに対し、エスカレーターは駅舎・空港、商業施設（写真1－5、1－6）が多く、このことを裏付けています。

1.3 エスカレーターの種類

エスカレーターには、私たちがよく利用する「階段が移動して人を上下に運ぶ」エスカレーターと、空港や大規模なショッピングセンターにある平面の「動く歩道」（写真1－7）があります。両者とも人を載せて連続的に大量輸送する機械です。工場などで物品を運ぶベルトコンベアのような機能ですが、いずれも人を載せるために安全で快適

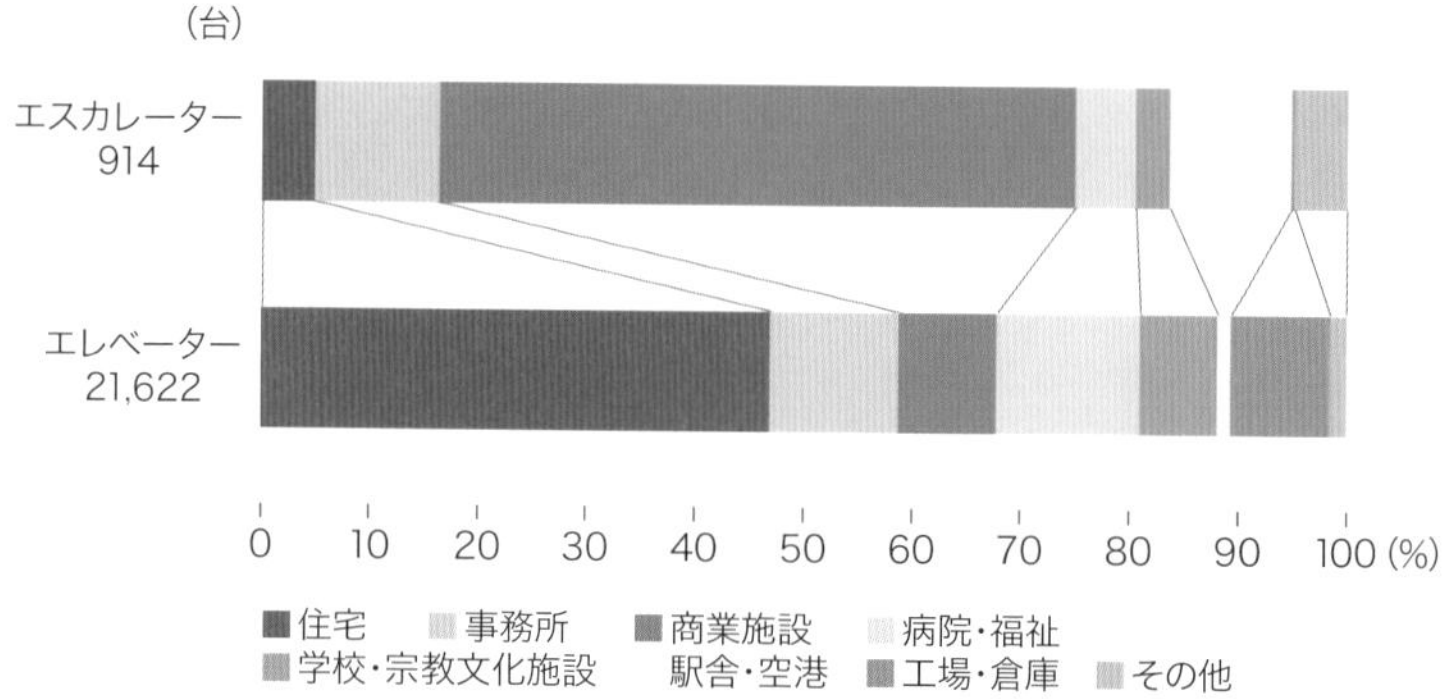

図 1-6　新規設置エスカレーターの設置場所（日本エレベーター協会 2021 年度）
エスカレーターは商業施設、エレベーターは住宅での設置が圧倒的に多く、利用方法の違いが見て取れます。

写真 1-5　商業施設のエスカレーター（品川駅）
大勢の人が利用する場所にはエスカレーターが適しています。

写真 1-6　らせんエスカレーター（心斎橋ビックステップ）
商業施設では、デザイン性を重視したエスカレーターが設置されることもあります。

写真 1-7　羽田空港の動く歩道

動く歩道では、ステップに柔らかい素材が使われることもあります。

なように工夫されています。

一般にエスカレーターは、足を乗せる「ステップ」の幅で種類が規定されています。幅の広いものから順に、1，000㎜、800㎜、600㎜の3種類があり、1，000㎜は大人2人が並んで立つことができます。800㎜は荷物を横に置いたり、子供と並立したりできる余裕のある1人用、600㎜は1ステップ1人の利用となっています。ステップ幅1，000㎜のエスカレーターは「2人乗り」といい、800㎜、600㎜は「1人乗り」と一般に呼ばれています（写真1－8）。

図1－7は2021年度の国内のエスカレーターの新規設置台数と保守台数です。1年間で、約1，000台の新規のエスカレーターが設置されています。保守（写真1－9）は、すでに設置されている全てのエスカレーターで行う必要がありますから、日本国内には、71，000台を越えるエスカレーターがあることになります。また、設置されているエスカレーターの割合ですが、新規、保守とも2人乗りが6～7割、1人乗り3～4割、

写真 1-8　左より 1,000㎜、600㎜、800㎜のエスカレーター
利用者数の違いにより、上りと下りで異なったステップ幅のエスカレーターが設置されることもあります。

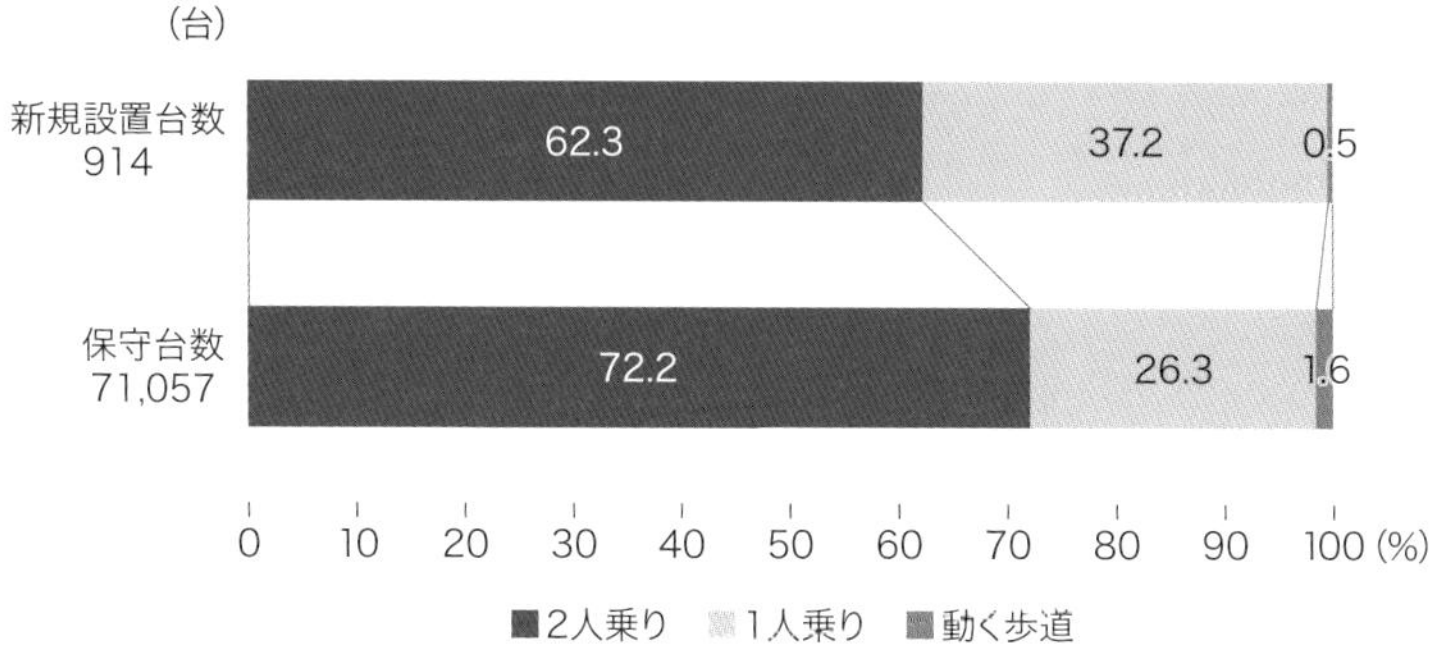

図 1-7　国内エスカレーターの種類（日本エレベーター協会 2021 年度）
新規、保守とも 2 人乗りがメインとなっています。

写真 1-9　メンテナンスの様子（右上写真提供：東芝エレベータ株式会社）
昇降機は、建築基準法第 12 条第 3 項により、年に 1 回法定検査を受けなければならないと定められています。

動く歩道が１%程度となっています。

エスカレーター等の保守台数の推移を２０１０年から見たものが図１－８です。２０１０年を１００とすると、エレベーターが増加しているのが分かります。一方エスカレーター、動く歩道はほぼ横ばいになっています。

1.4 産業としてのエスカレーター

日本国内のエスカレーターは、７１，０００台強の数が設置されていますが、エスカレーターの産業規模はどれくらいでしょうか。経済産業省の「生産動態統計」によれば、２０２０年の国内エスカレーターの生産規模は２３１億円で、１，４３３台が生産されています。ちなみにエレベーターは、その10倍近い

2，003億円、29，046台の生産となっていて、規模としては一桁も違います。基本的にエスカレーターは、「人」の移動に使われますが、エレベーターは、オフィスビルやマンションなどエスカレーターの設置されない施設や貨物専用のものも多くありますので、このような大きな差になっているものと思います。

国内のエレベーター・エスカレーター業界は、上位数社による寡占市場となっており、エレベーター、エスカレーターとも次の5社で9割以上のシェアを占めています。国産メーカーのシェアが大きく海外からの輸入は少ない（一般財団法人機械振興協会による）現状になっています。

・三菱電機（株）
・（株）日立製作所
・日本オーチス・エレベータ（株）
・フジテック（株）
・東芝エレベータ（株）

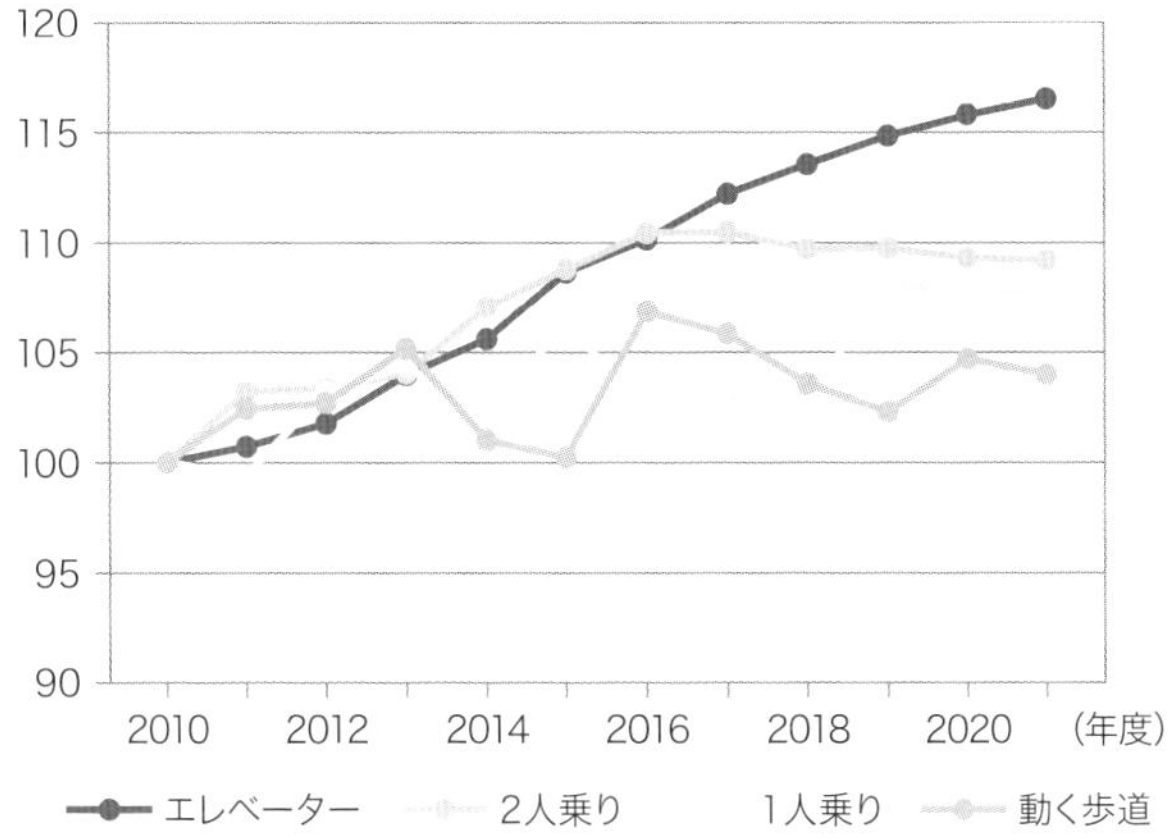

図 1-8　エレベーター、エスカレーター保守台数の推移（日本エレベーター協会 2010 年度＝ 100）

エレベーターの寿命は 20 ～ 25 年といわれており、保守点検や改修需要は増加しています。

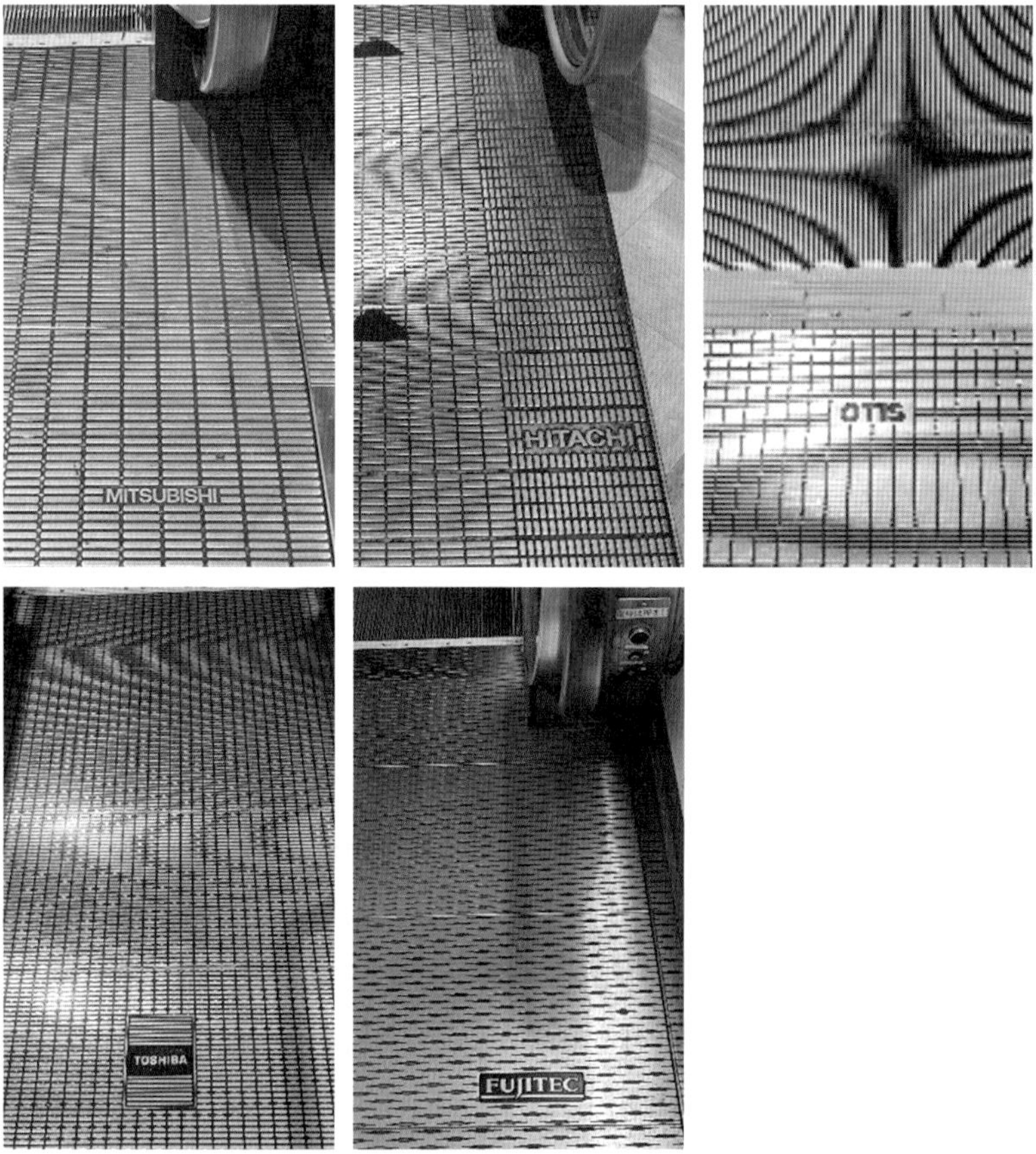

写真 1-10　各社のエスカレーター

三菱電機（株）（上左）、（株）日立製作所（上中）、日本オーチス・エレベータ（株）（上右）、東芝エレベータ（株）（下左）、フジテック（株）（下右）。上記の５社が国内シェアの９割以上を占めています。

写真 1-11　シンドラー社のエスカレーター
エスカレーターの乗降口には製造メーカー名が示されています。足元を気にしてみるとおもしろいかもしれません。

なお、世界的に大きなメーカーには、オーチス社（米国）、シンドラー社（スイス、写真1－11）、コネ社（フィンランド）、ティッセンクルップ社（ドイツ）などがあります。

エレベーター同様エスカレーターは、基本的に毎日稼働して、多くの人や荷物を運びます。そのため、建築基準法で定期検査と保守点検が義務付けられています。安全のため定期的な点検が不可欠ですから、エスカレーター設置後の保守点検業務は持続的で安定したマーケットで、ひとつの産業になっています。

コーヒーブレーク　エスカレーターを素材にした楽曲

ふと、サブスク契約している楽曲配信アプリで「エスカレーター」と検索してみたところ、50曲以上も出てきました。どんな曲があるのかいくつか聴いたり歌詞を見たりしてみたところ、主に3種類ありました。偶然の出会いや片想い・別れといった恋愛ものが一番多く、ほかでは片道分のチケットや異なる進路など次のステップへと向かうもの、安全な利用方法を促すものです。

印象に残ったひとつに、ストリートライブをやっていた頃のこととして、自動階段に身を任せているのではなく、力いっぱい歩いていた時のことを忘れない、といった内容の歌がありました。エスカレーターは日頃、よく使っている人が多いと思います。皆さんそれぞれ、初心を忘れてはいけないと思えるものは何かあるでしょうか。

【参考文献】

１）後藤茂：エスカレーターの技術発展の系統化調査、国立科学博物館技術の系統化調査報告、vol.14, ２００９年５月
２）竹内照男：エスカレーターの誕生から現在まで（前編）、建築設備＆昇降機、第38号、pp.36-41, ２００２年７月
３）竹内照男：エスカレーターの誕生から現在まで（後編）、建築設備＆昇降機、第39号、pp.35-43, ２００２年９月
４）一般社団法人日本エレベーター協会：２０１９年度昇降機設置台数等調査結果報告、*Elevator Journal* No.30, ２０２０年９月

2 エスカレーターの構造

ここではエスカレーターの基本的な構造について紹介します。主なメカニズムを理解するのが目的ですので、設計・製造に必要な機械構造の詳細については専門書[1)]等を参照してください。

2.1 機器の名称と構造

まずエスカレーターの機器の名称から学んでゆきましょう（図2－1）。エスカレーターは一種の橋で、橋の骨格のトラスと呼ばれる構造物の上にモーターなどの駆動系、モーターで動くステップ、手すり等が載っています。以下エスカレーターに特徴的な機器について説明してゆきます。なお安全に関する機器は第4章「エスカレーターの安全性」でも説明しています。

(1) 踏　段（Step）

ステップのことで、人が乗る部分を踏段面、蹴上の部分をライザーといいます（写真2－1）。

（2）クリート（Cleat）

　クリートの本来の意味は滑り止めで、靴や衣服が巻き込まれないようにステップとライザーに付けられている溝のことです（写真2－2）。ステップは降り口で機械の中に収納され、ライザーも降り合わせのステップが降り

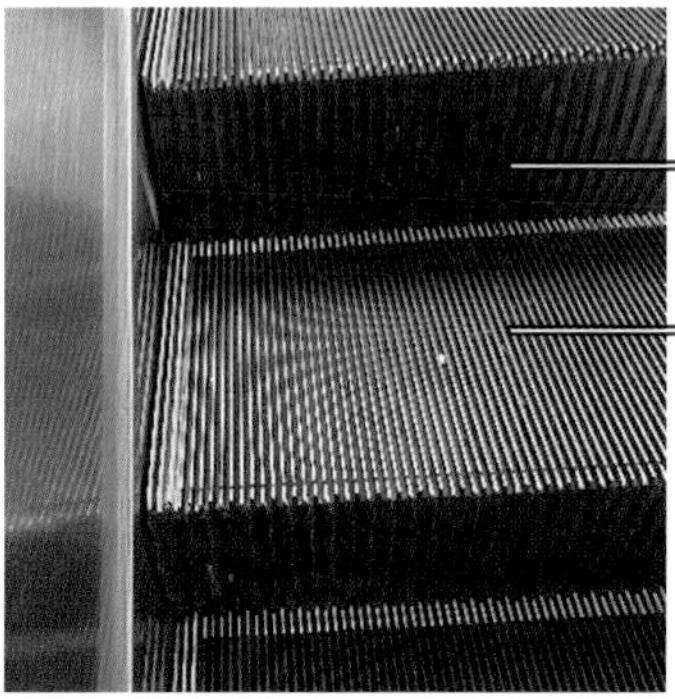

写真 2-1　ステップとライザー
黄色いラインはデマケーションです。

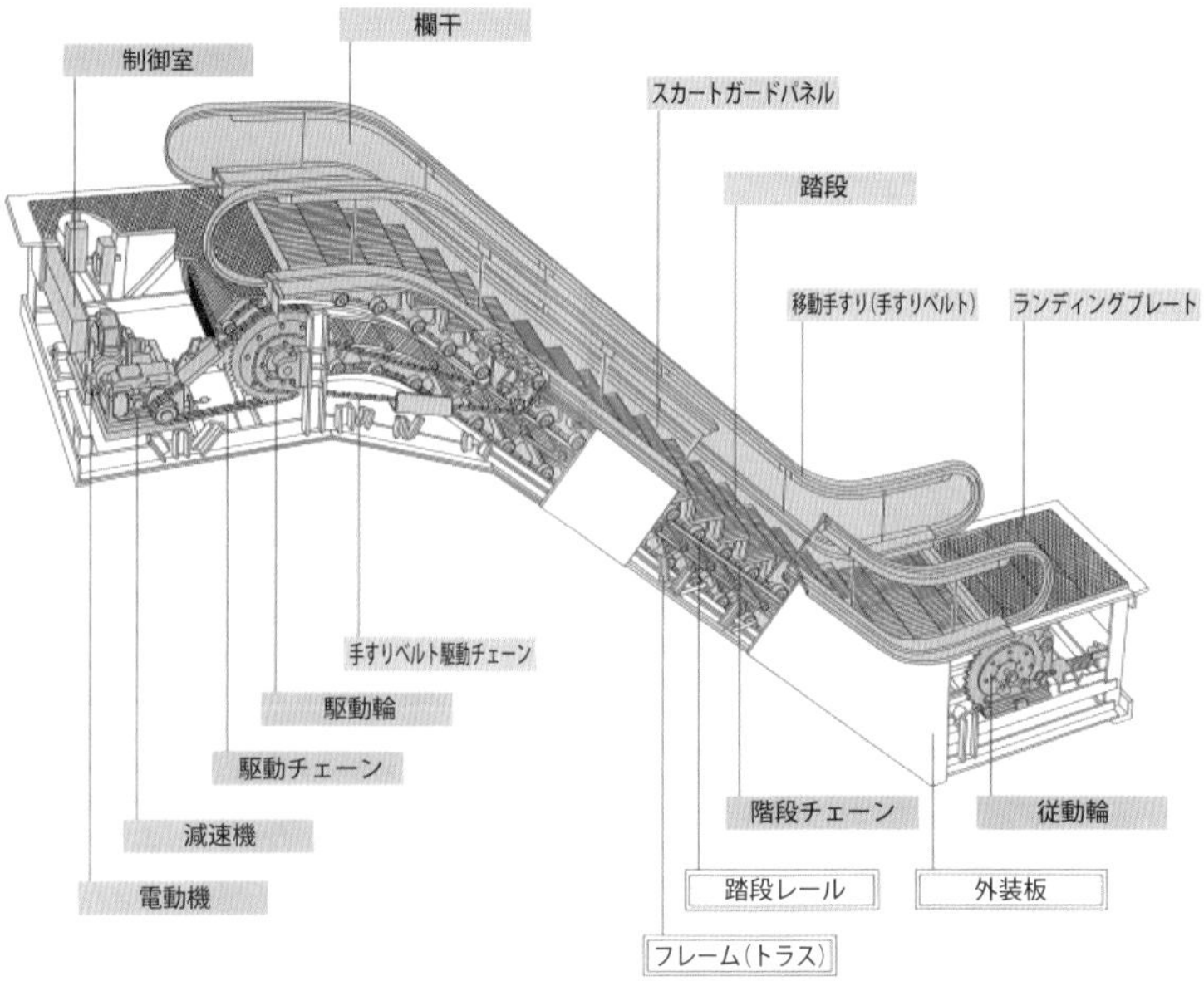

図 2-1　エスカレーターの機器名称（提供：東芝エレベータ株式会社）
エスカレーターの駆動方式には、上部駆動方式と中間駆動方式の２つがあります。上部に設置した駆動機から踏段（ステップ）チェーンに動力を伝達するタイプが一般的で、比較的シンプルな構造といえます。

口で同じ高さになり収納されてゆきますので、この時に靴や衣服がステップとステップの間に巻き込まれることがあります。ステップのクリートがライザーのクリートの中でせり上がって溝の中の異物を押し出す動きをします（第４章図４－11参照）。

(3) デマケーション（Demarcation）

デマケーションとは境界を意味していて、踏段の周囲を縁取っている黄色いラインのことです。利用客がステップの端に乗って機械に巻き込まれるのを防ぐよう、この枠内に立つことを視覚的に誘導しています。（6）で説明するスカートガード側のクリートを少し高くして物理的な誘導をしている製品もあります（写真２－３）。

写真 2-2　クリート

写真 2-3
クリートの両端を高くした製品です。

(4) くし (Comb)

エスカレーターの乗降口で、巻き込み防止のため踏段面のクリートに組み合う形に作られた安全装置です。クリート内の異物を鋤き取る働きがあります。通常黄色で利用者の注意を引くようにしています（写真2－4）。

(5) インレット (Inlet)

手すりはステップと共に動くので、エスカレーターの端で機械の中に入ってゆきますが、この部分をインレットといいます（写真2－5）。上りの場合は上層階部分で下りは下層階部分にありますが、幼児の手や衣服などが巻き込まれると大変危険です。このため安全装置が備えられており、異物を検知した時はエスカレーターの運転を止めるようになっています。

(6) スカートガード

ステップの両側に接するエスカ

写真 2-4　くし
ステップの吸い込み口にある装置です。

写真 2-5　インレット
手すりが機械に吸い込まれてゆく部分です。

写真 2-6　スカートガードに沿って設置されたブラシ
衣服や靴が巻き込まれるのを防ぎます。

レーターの側面のことをいいます。女性の長いスカートがエスカレーターに巻き込まれやすいことから名づけられたものと思われます。ステップと側面との間は僅かな隙間ですが、ここに衣類や靴などが挟み込まれると大きな事故につながります。そのため衣服などが引っかからないように滑らかな平面にしてあります。さらに利用者が踏段の端に乗らないようにスカートガードに沿ってブラシ状の保護装置（ドレスガード）が設置されている製品もあります（写真2－6）。

(7) 踏段チェーン

エスカレーターの踏段を駆動するためにエスカレーターの下部両側に1本ずつリング状に設けられたチェーンで、チェーンには各踏段（ステップ）の上の軸が直結しています。踏段チェーンはスプロケットと呼ばれる歯車と駆動チェーンを通じて駆動モーターにつながっています。

2.2 エスカレーターステップの水平保持メカニズム

エスカレーターの最初の特許といわれる1859年のネイサン・エームズの回転式階段は、実物は作られませんでした（図1－2）。アイデアでは斜面のベルト上に断面が三角形でステップ面を水平にしたステップが固定されており、その上に乗った利用客を上方に移動させます。ところがステップがベルトに固定されているため降り口近くでベルトが斜面から水平に移行するとステップはせり上がるので、その前に利用客はジャンプしてフロアに降りなければなりませんでした。

エスカレーターのどの部分でもステップを常に水平に保持する問題が解決できなかったので、リノは1892年にステップ面をベルトとほぼ平行にしてステップのかかと部分を少し高くしたベルトコンベアのようなエスカレーターの特許を取り実用化しました（図2－2）。

現在のエスカレーターのように乗降口でも斜面でも水平を保持するステップは、次のような巧妙なシステムで実現させています。まず1段1段のステップを独立させて、前（斜面上側）

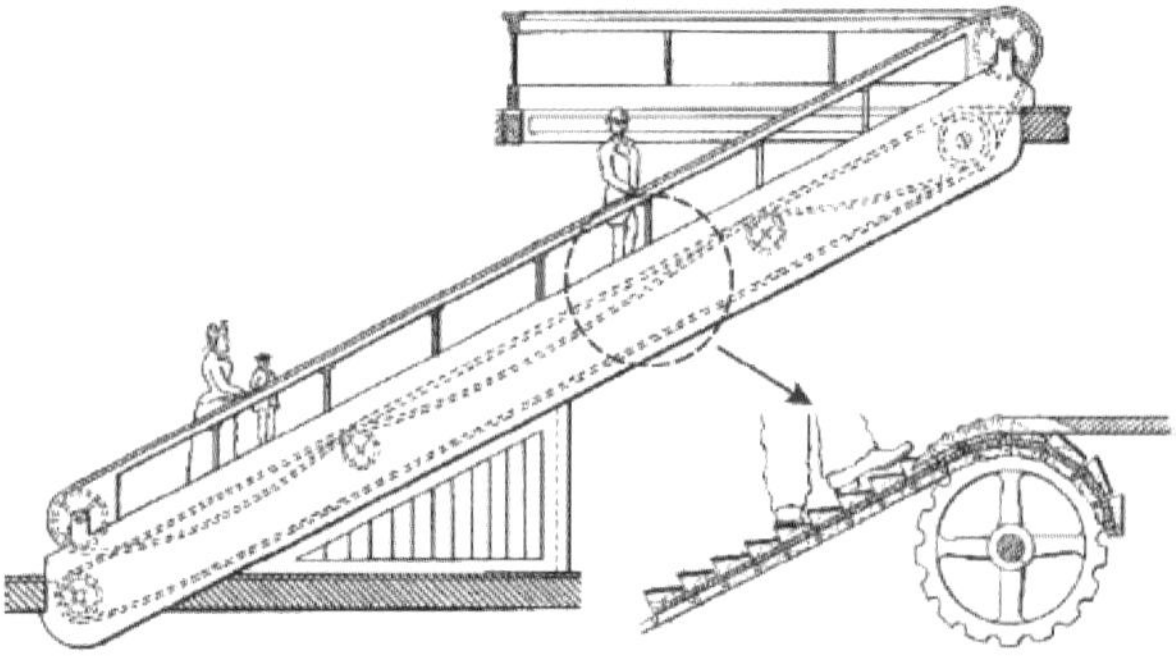

図 2-2　リノのエスカレーター
ベルトコンベアのような形状でした。

に設置されたステップ軸の左右に2輪、後ろ（斜面下側）のステップ軸の左右に2輪のローラーが付いた2軸4輪の台車にします（写真2－7、図2－3）。前のステップ軸のローラーはエスカレーターの左右に配置された踏段チェーン（ステップチェーン）に固定されてガイドレールに沿って駆動されますが、後ろステップ軸のローラーはチェーンに固定されず前のローラーとは独立した別のガイドレールで誘導されます。ガイドレールの高さを調整すれば、ステップの前後の高さを別々に変えることができるので乗降口付近で斜面の角度が変化してもステップ面を水平に保つことができます（図2－4）。このような構造のステップの台車を連結してどの位置でもステップが水平なエスカレーターが運行されることになります。

写真 2-7　修理で取り外されたステップ

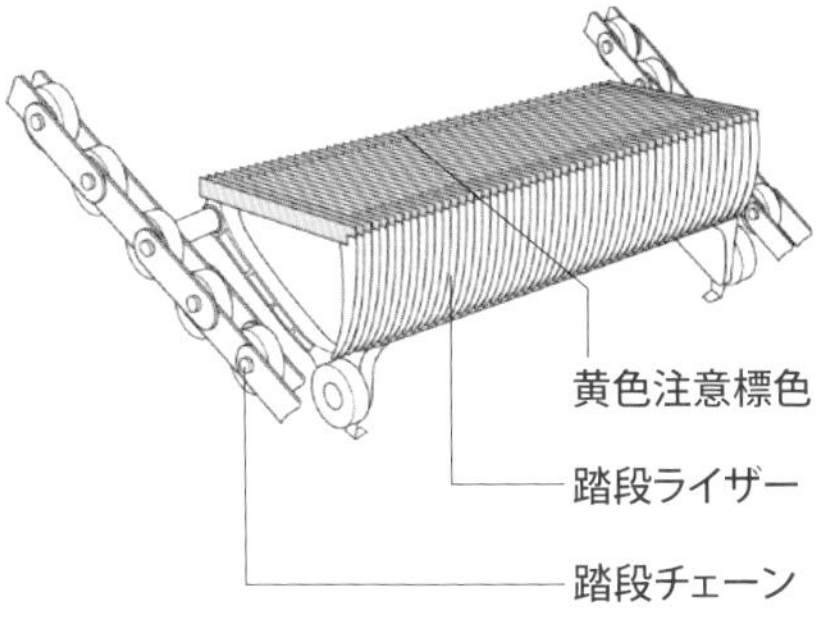

図 2-3　ステップ
ステップは４輪で支えられています。

2.3　トラス

エスカレーターは上の階と下の階を結ぶ斜めの橋梁に例えられます（図

2－5）。この橋梁の上にエスカレーター本体が載る構造になります。橋梁部分は金属製でトラスと呼ばれます。トラスとは構造形式の名称で、橋梁でよく使われているものです。部材を組み合わせて三角形を基本に構成され、変形が少なく構造計算が簡易という特長を持っています（写真2－8、2－9）。写真2－10は工場での製造中の様子です。

トラスはその上端と下端を上の階と下の階の梁上に置きますが、地震時の外力を逃すため上端下端のどちらかあるいはその両方は梁に固定されていません。両端とも固定されていると、地震時に建物の変形でトラスに大きな力がかか

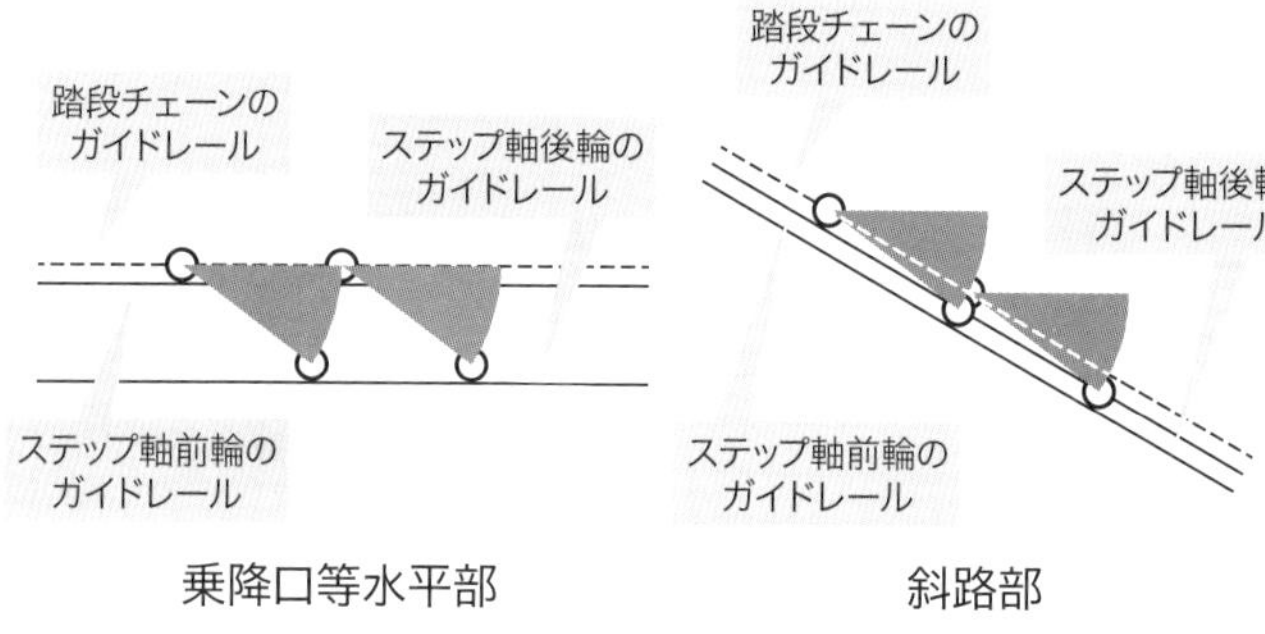

図 2-4　ステップの水平保持メカニズム
前のローラーと後ろのローラーが別々のガイドに沿って移動し、水平を保ちます。

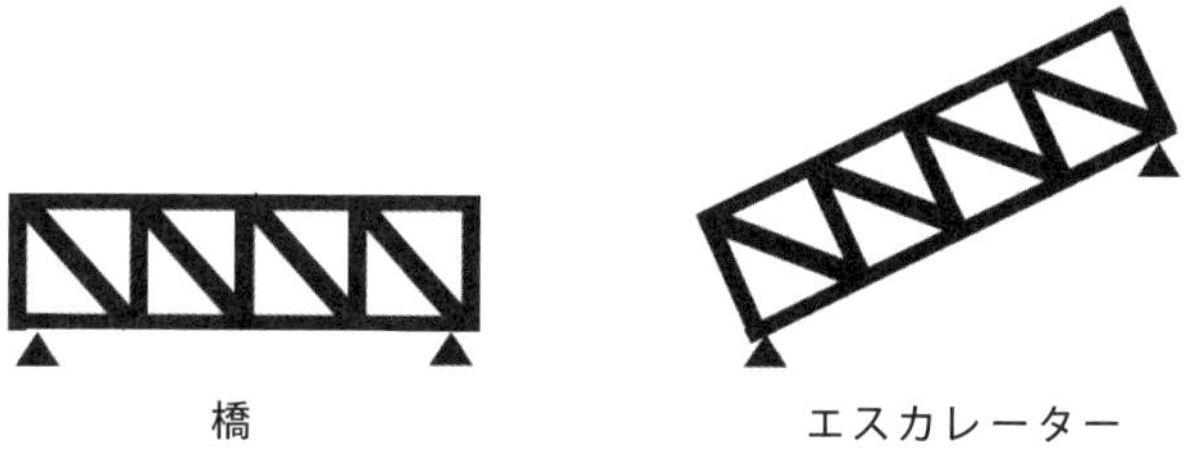

図 2-5　橋とエスカレーターのトラス模式図
トラス橋もエスカレーターも基本的な構造は同じです。

写真 2-8　トラスの例（提供：東芝エレベータ株式会社）

写真 2-9　トラス橋の例（荒川、京浜東北線の橋梁）
新たに建設されるトラス橋は少なくなりました。

写真 2-10　工場で製造中のトラス（提供：東芝エレベータ株式会社）

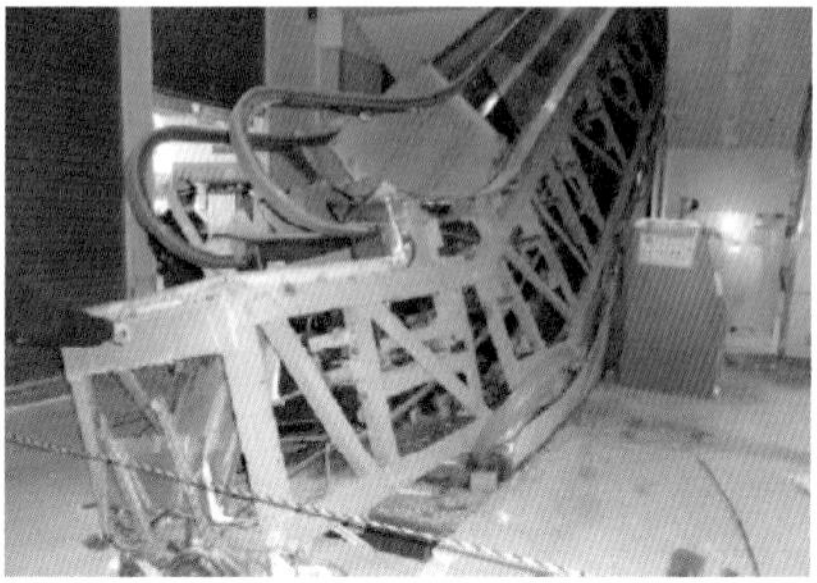

写真 2-11　東日本大震災で落下したエスカレーター（国土交通省資料より）
幸い死傷者はありませんでした。

り、破壊されてエスカレーターの落下など大きな事故につながるからです。

２０１１年の東日本大震災では、幸い負傷者はありませんでしたが宮城県と福島県のショッピングセンターのエスカレーター４台が落下してしまいました（写真２－11）。先に説明したようにエスカレーターは下の階側の端の部分を建物に固定し、上の階はフロアに固定しないで梁に端部を載せます。建物は地震で変形しますので、上の階も固定するとエスカレーターに大きな力がかかり壊れてしまうため、地震時には上の階の端部分を滑らせて力を逃がす仕組みです（図２－６）。東日本大震災までは公的な規制はなく、エスカレーター業界の指針で、エスカレーターの揚程（高低差）の１／１００に20㎜をプラスした長さの上の端部分の架かり代《しろ》を設けることとなっていまし

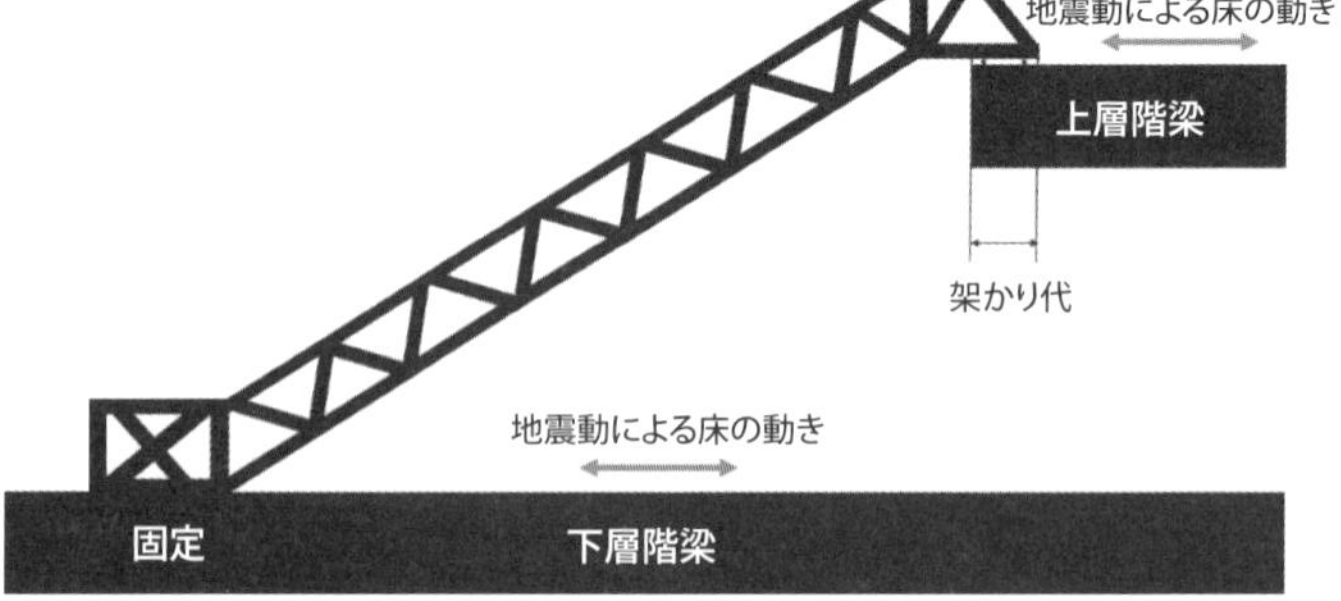

図 2-6　架かり代模式図
上下を固定せず力を逃す構造になっています。

た。例えば高低差5ｍのエスカレーターでは70㎜となります。ところが東日本大震災では予想外の大きな揺れで建物が大きく変形し、架かり代が不足してエスカレーターが外れて落下してしまいました。このため、２０１３年に建築基準法施行令第１２９条の12に「地震時に脱落しないこと」という条項が入り、十分な架かり代を確保することが義務付けられました。２０１３年に国土交通省告示第１０４６号で具体的方針が示され、その後２０１６年に細部が変更されています。詳細は付録を参照してください。

2.4 駆動機

エスカレーターを動かすために、通常は上層階側の踏段面の下部に駆動機（モーター）が置かれます。エスカレーターが長い場合は中間部にも駆動機が置かれて協調運転をします。駆動機から減速機を介して回転数が調整され、歯車（スプロケット）とチェーンを介して踏段チェーンを駆動する歯車に動力が伝達されます。駆動機の力は別の歯車を介して手すりを駆動する装置にも伝達されます（図２－７）。手すりは踏段チェーンには直結されていないので、駆動機からはロー

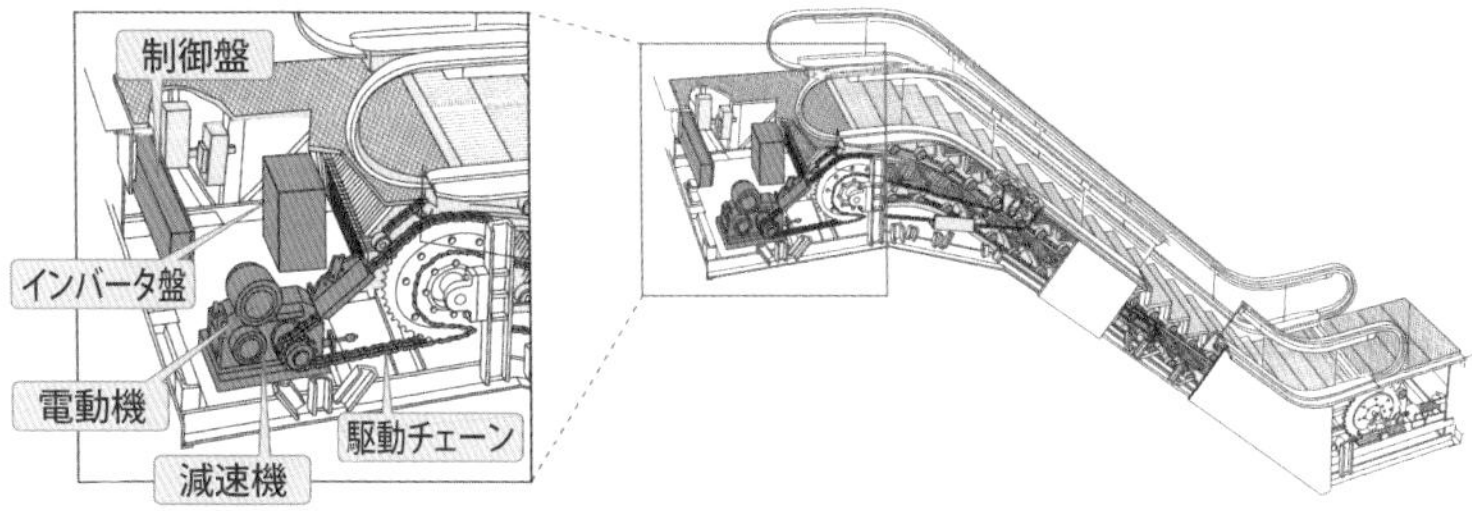

図 2-7　駆動モーターから踏段チェーンへの動力の伝達（提供：東芝エレベータ株式会社）

ラーを使って摩擦力で送り出されます。

駆動系には安全のために多重の制動装置が設けられています。駆動機（モーター）からは動力が減速機、駆動チェーン、踏段チェーンの順に動力が伝えられてゆきますが、それぞれの段階で、異常時を検出するセンサーがありブレーキがかかる仕組みになっています。

まず駆動機はシステムに異常が発生した場合ブレーキで直接制動されます。ブレーキは自動車同様にドラムブレーキとディスクブレーキの仕様があり、異常時には駆動機の電源が切られると同時に駆動機の回転を止めますが、急速な減速は利用者の転倒を招くので、適度な減速度になるよう調整される仕組みになっています。一般に駆動機からは減速機を介して歯車（スプロケット）が回り、さらに歯車から駆動チェーンを介して踏段ドラムの歯車に動力が伝えられます。万が一チェーンが切れると駆動チェーンの破断を検知し、踏段の歯車が重力で下り方向に回転するのを止める装置が用意されています。

2.5　欄　干

橋には利用者が川に落ちないよう欄干（写真2－12）が必要ですが、エスカレーターは上層階と下層階を結ぶ橋ですので転落防止のためステップの両脇に欄干が設けられます。なお土木構造物の橋の設計では欄干とは呼ばず「高欄」が用語として用いられています。

欄干は、移動手すり部分、移動手すり部分を支える欄干柱、利用者が転落しないように設けられる内側板とその基礎部分にあたるデッキボード等で構成されています（図2－8）。内側板は転落防止

写真 2-12　橋の高欄（欄干）の例（高知はりまや橋）
昔の橋のレプリカですが、赤い欄干がおしゃれです。

の機能のほか、エスカレーターの外観をかたどるデザイン性ももっています。古くは木製、鋼製、ステンレス製（写真２－13）でしたが、近年ではガラスが用いられるようになり、乳白色で内部に照明があるもの、透明なもの、などと材料とデザインが変化してきています（写真２－14）。

移動手すりは合成ゴム、ウレタン樹脂製で、補強のため中にワイヤーが入っています。移動手すりの断面はＣ型になっており、手すりガイドを包むようにしてガイドに沿って動きます（図２－９）。

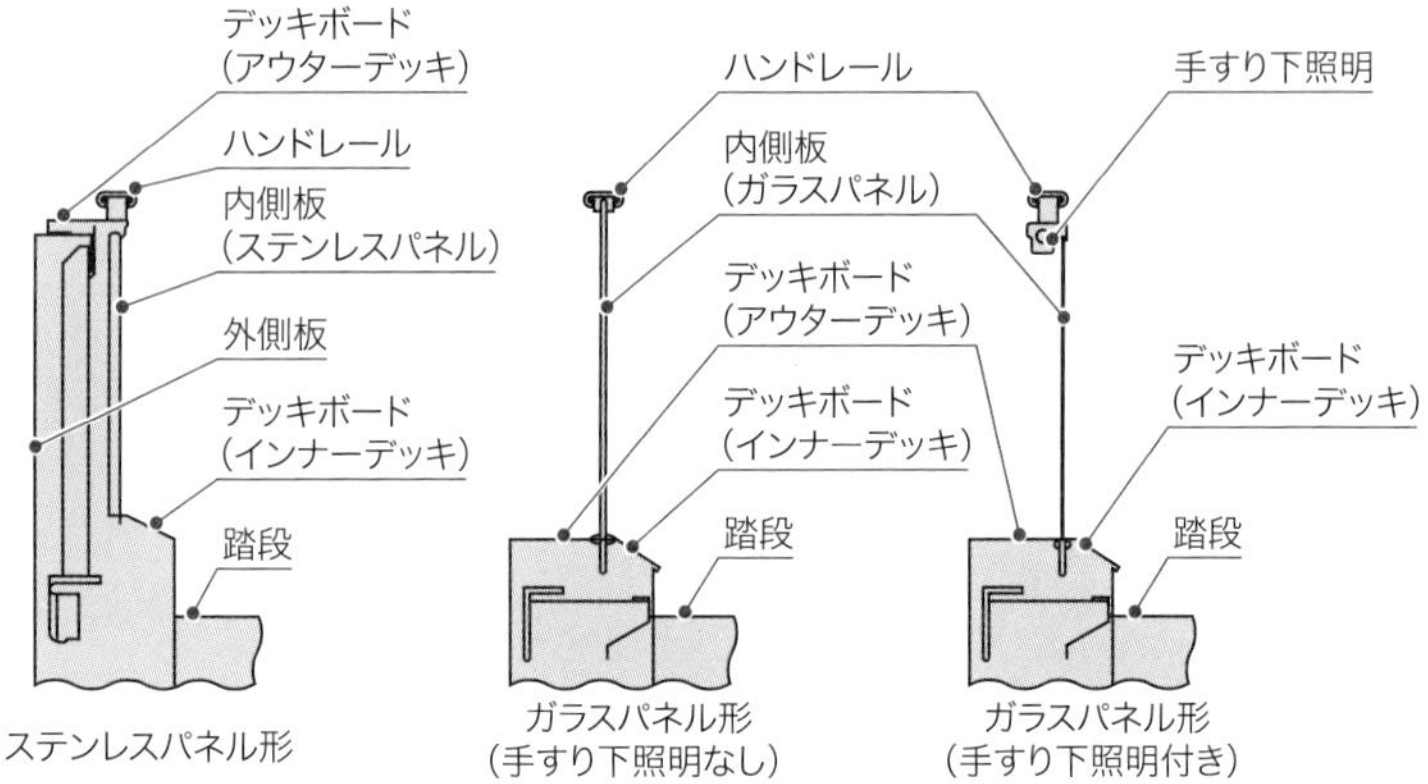
デッキボード
（アウターデッキ）
ハンドレール
内側板
（ステンレスパネル）
外側板
デッキボード
（インナーデッキ）
踏段
ステンレスパネル形
ハンドレール
内側板
（ガラスパネル）
デッキボード
（アウターデッキ）
デッキボード
（インナーデッキ）
踏段
ガラスパネル形
（手すり下照明なし）
手すり下照明
デッキボード
（インナーデッキ）
踏段
ガラスパネル形
（手すり下照明付き）

図 2-8　欄干部の模式図

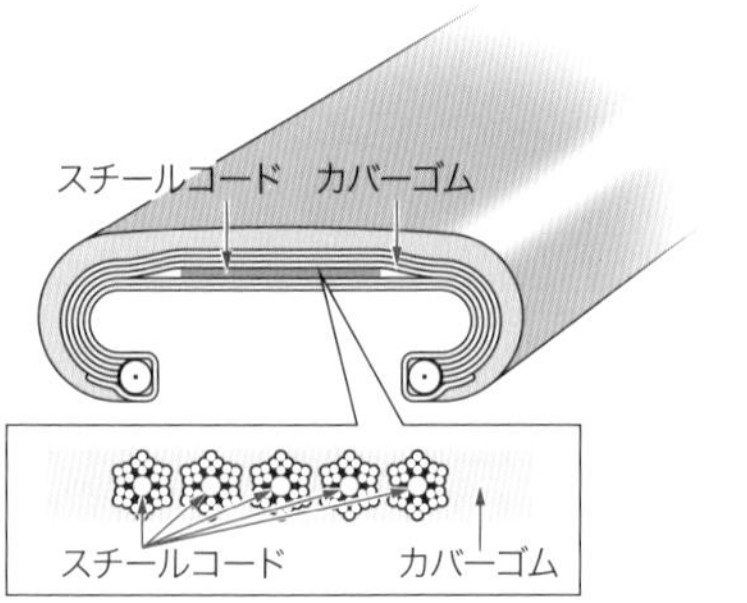
スチールコード
カバーゴム
スチールコード
カバーゴム

図 2-9　手すりの断面

写真 2-13　ステンレス製欄干の例（東京駅）

メンテナンスの便がよいため駅ではステンレス製がよく使われます。

写真 2-14　ガラス製欄干の例（左）とガラスを乳白色にして内部に照明を入れた例（右、日本橋三越本店）

内部照明型は今では少なくなりました。

コーヒーブレーク　エスカレーター効果

皆さんは停まっているエスカレーターを歩いたことがありますか。故障や点検などによる停止は時々あるので、経験ある方も多いと思います。その時階段を登り降りするのと比べ、やけに足が重く感じたり、めまいがして躓きそうにならなかったでしょうか。これはエスカレーター効果とかエスカレーター現象、はては壊れたエスカレーター現象とも呼ばれている、一種の錯覚です。

私たちは経験からエスカレーターは「動くもの」と体で覚えています。ですから停まっていると分かっていても、体が、動いているエスカレーターを想定して対応しようとするために生じるギャップです。一方、動いているエスカレーター上で歩いてもあまり違和感を覚えることがありません。それは動いていることを認識して歩行しているからです。

【参考文献】

1）藤田聡 他：昇降機工学、（東京電機大学出版局）、2019年11月

3 エスカレーターに関する法制度

3.1 エスカレーターの製造、設計、運行に必要な法律

エスカレーターの安全で快適な利用のために、様々な法令が制定されています。基本的な法律は建築基準法です。この法律には建築基準法施行令という細部を規定した政令があり、さらにそれらに基づき具体的な方針を示した国土交通省（建設省）の告示等の規則があります。また公共交通に用いられるエスカレーターに関してはバリアフリー新法（高齢者、障害者等の移動等の円滑化の促進に関する法律）に基づいた国土交通省の移動円滑化基準があって、エスカレーターを制度面から支えています（表3－1）。メーカーや鉄道事業者などエスカレーター施設の管理者はこれらの規則に従って製造や運用を行う必要があります。それではエスカレーターに関する国内の法律を見てゆきましょう。なお付録に関連する法律の抜粋を載せてありますので、詳しく知りたい方は参照してください。

建築基準法には「エスカレーター」という用語は登場せず、エレベーターなどと一緒に「昇降機」としてまとめられています。第34条に「昇降機」の規定があり、「建築物に設ける昇降機は、安全な構造で、かつ、その昇降路の周壁及び開口部は、防火上支障がない構造でなければならない」とされています。さらに第36条に「(前略)昇降機の構造に関して、この章の規定を実施し、又は補足するために安全上、防火上及び衛生上必要な技術的基準は、政令で定める」として具体的な基準は建築基準法施行令に述べられています。一般に技術的基準は技術の進展に伴い変わってゆくので変更が多く、国会の議決が必要な法律に残しておくと手続きが煩雑になるため、閣議で決められる政令で規定することが多くあります。

法律を受けて政令である建築基準法施行令ではさらに細部にわたる規定を設けています。同施行令と国土交通省(建設省)告示に示されているエスカレーターの主な構造規定は次の通りです。

①**勾配**：30度以下にします。(建築基準法施行令第129条の12)

通常のエスカレーターの勾配は30度です。ただし2000年に例外規定が設けられ勾配35度のエスカレーターも設置が可能になっています(平成12(2000)年建設省告示第1413号第2)が、揚程(高低差)速度

表 3-1　エスカレーターに関する主な法令

	一般	公共交通関係
法律	建築基準法	バリアフリー新法(高齢者、障害者等の移動等の円滑化の促進に関する法律)
政令	建築基準法施行令	バリアフリー新法施行令
省令等	国土交通省(建設省)告示等	移動円滑化基準

写真3-1　勾配35度のエスカレーター（左）と勾配30度のエスカレーター（右）
丸の内ビル（左）、西武線練馬駅前の公共施設（右）のエスカレーター。

は制限がありそれぞれ6ｍまで、30ｍ毎分までとなっています（第9章を参照してください）。勾配35度のエスカレーターは、海外で採用されることが多くなり日本でも取り入れられるようになりました（写真3－1）。勾配が急になるとエスカレーターの占有面積が小さくなり、床面積を効率的に使えるようになります。商業施設の1人乗りのエスカレーターによく使われます。

なお勾配30度ではエスカレーターの高低差の2倍がエスカレーター斜路部分の長さになりますので覚えると便利です。

②**手すり**：ステップ（踏段）の両側に設けて、エスカレーターと同じ速度で同方向に連動します。

（建築基準法施行令第129条の12）

③**ステップの幅**：1・1m以下とし、ステップの

端から手すりの中心部までの水平距離を25㎝以下とします。（建築基準法施行令第129条の12）

第1章で述べましたように現在国内で主に製造されているエスカレーターの幅は1，000㎜、800㎜、600㎜の3種類です。1，000㎜は1つのステップに2人が並んで乗れ、800㎜、600㎜は1人乗りです。

④ステップの速度：50m毎分以下で、国土交通省が定める勾配に応じた速度以下とします。（建築基準法施行令第129条の12）さらに国土交通省の告示では表3－2のように規定されています。（平成12（2000）年建設省告示第1417号第2、平成12（2000）年建設省告示第1413号第2）

勾配が小さくなるとエスカレーターが長くなり、建物の中で大きな投影面積を占めることになって使える床面積が狭くなりますので、30度以下のエスカレーターは動く歩道（第9章を参照してください）以外あまり使われていません。従ってほとんどのエスカレーターの勾配は30度で、速度も30m毎分を採用しています。30m／分は時速では1・8㎞となり、人が平坦なところで歩く速度よりかなり遅いですが、階段を歩く速度に近くなります。

エスカレーターの延長が長い時やラッシュ時に多くの乗客を運ぶ必要のある場合は40m毎分が採用される場合もあります。反対に高齢者の利用が多い

表3-2　エスカレーターの速度に関する規定

勾配	速度
8度以下	50m毎分以下
8度を超えて30度以下	45m毎分以下
30度を超えて35度以下	30m毎分以下

エスカレーターでは安全のため30m毎分より遅い速度を採用するところがあります。高齢者にとってはステップの移動速度が速くて乗れず、乗降時に事故も多く発生しているからです。

ちなみにエスカレーターの速度を実際に計測しますと、設定値から数パーセント低い値になっていることが多いです。

⑤**耐震性**：地震で脱落しない構造とします。（平成25（2013）年国土交通省告示第1046号）

2011年の東日本大震災で脱落したエスカレーターがあったため新たに規定されました（第2章参照）。

⑥**積載荷重**：ステップの面積（㎡）に2，600N（約265kg重）をかけた数値以上にしなければなりません。（建築基準法施行令第129条の12第3項）

2人乗りではステップ面積は上下段の投影面積の重なりを差し引くと0.4m×1.0m×cos30°=0.35㎡ですから(図3-1)、1ステップの設計積載荷重はおよそ93kgで、1人乗りでは約56kgとなります。

⑦**非常停止装置**：昇降口に非常停止ボタン（写真3-2、3-3）を備えなければなりません。（建築基準法施行令第129条の12第4項）

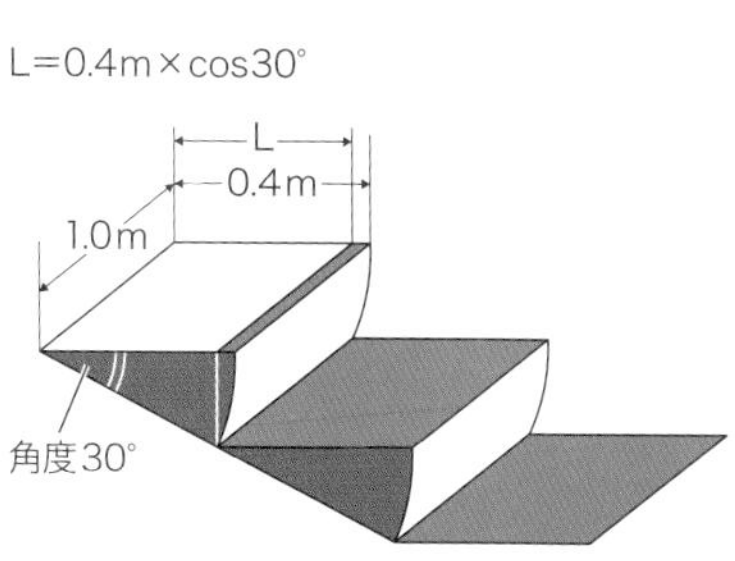

図 3-1　ステップ面積の計算方法

写真 3-2　非常停止装置の例①

非常停止ボタンは多くの場合乗り口付近に設置されています。強調のためにステッカーが貼られることも多くあります。

写真 3-3 非常停止装置の例②

降り口や、さらに別の場所に設置されていることもあり、安全に配慮がなされています。

⑧自動停止装置：モーターや駆動装置に問題があった場合や人やものが挟まれた場合、減速度1・25m／秒^{2}以下で自動停止する装置を備えなければなりません。（建築基準法施行令第129条の12第5項）

異常が検知された時、安全のため速やかにエスカレーターを止めなければなりませんが、あまり急激に止まると乗っている人が倒れて二次災害が発生してしまうため、減速度を1・25m／秒^{2}までに制限しています。減速度1・25m／秒^{2}では、最もよく採用されている分速30mのエスカレーターで0・4秒後に停止することになります。この時慣性力は約0・13Gに相当し、体重65kgの人間は約8kgの力で後ろから押される力を感じることになります。このため非常停止時の転倒防止のためには手すりに掴まることが大切です。

なおバリアフリー関係の法律は第5章に説明しましたので参照してください。

3.2 エスカレーターの利用方法に関する法律

3・1で説明しましたのは製造や設計、運行に必要なエスカレーターのハード面に関係する法律ですが、最近ではエスカレーターの利用方法に関する法律も現れてきています。

(1) 埼玉県のエスカレーターに関する条例

埼玉県でエスカレーターの歩行を禁じた珍しい条例が施行されました。2021年10月1日に施行された「埼玉県エスカレーターの安全な利用の促進に関する条例」(58ページ囲み参照)です。埼玉県議会はエスカレーターの安全な利用を目指し、2021年3月26日に同条例を可決しました。条例は議員提案で、その主な内容はエスカレーターを立ち止まって利用することで、利用者には義務を課し、駅等施設の管理者は立ち止まっての利用を利用者に周知すること、知事は必要があれば管理者に指導、助言、勧告することができるとしています。内容から分かる通りエスカレーターの歩行を禁止する、日本では(おそらく世界でも)初めての条例です。議会では努力義務にした方がよいのではないかという議論もありましたが、結局「義務」という強い表現に落ち着きました。埼玉県内の主要駅にはポスターが貼られ、歩行しないようアナウンスをしています(写真3−3、3−4)。ただし罰則はないので実効性が課題で今後注意深く見守る必要があります。歩行の割合について公式な数字は発表されていませんが、条例施行後に多少歩行する人の割合が少なくなったとのニュースもあります。2023年10月には名古屋市でも同様な条例が施行され、今後他の自治体にも広がってゆくかどうか興味のあるところです（62ページコーヒーブレーク参照）。

写真 3-3　歩行禁止のポスター（大宮駅）

ポスターのほか、エスカレーターの足元のステンレス部分に貼付できるPR シールも製作されました。

写真 3-4　埼玉県の条例キャンペーン（2021 年 10 月 4 日東川口駅）

街頭での啓発キャンペーンは複数回行われ、知事も参加しました。

埼玉県エスカレーターの安全な利用の促進に関する条例条文

（目的）

第一条　この条例は、エスカレーター（動く歩道を含む。以下同じ。）の安全な利用の促進に関し、県、県民及び関係事業者の責務を明らかにするとともに、エスカレーターの利用及び管理に関し必要な事項を定めることにより、エスカレーターの安全な利用を確保し、もって県民が安心して暮らすことのできる社会の実現 に寄与することを目的とする。

（県の責務）

第二条　県は、県民、関係事業者及び関係地方公共団体との相互の連携及び協力の下に、エスカレーターの安全な利用の促進に関する総合的な施策を策定し、及び実施するものとする。

（県民の責務）

第三条　県民は、エスカレーターの安全な利用に関する理解を深め、エスカレーターの安全な利用に関する取組を自主的かつ積極的に行うよう努めなければならない。2県民は、県及び関係事業者が実施するエスカレーターの安全な利用の促進に関する施策及び取組に協力するよう努めなければならない。

（関係事業者の責務）

第四条　関係事業者は、エスカレーターの安全な利用に関する理解を深め、エスカレーターの安全な利用の促進に関する取組を自主的かつ積極的に行うよう努めなければならない。2関係事業者は、県が実施するエスカレーターの安全な利用の促進に関する施策に協力するよう努めなければならない。

（利用者の義務）

第五条　エスカレーターを利用する者（次条において「利用者」という。）は、立ち止まった状態でエスカレーターを利用しなければならない。

（管理者の義務）

第六条　エスカレーターを管理する者（次条において「管理者」という。）は、その利用者に対し、立ち止まった状態でエスカレーターを利用すべきことを周知しなければならない。

（管理者に対する指導等）

第七条　知事は、エスカレーターの安全な利用の促進のために必要であると認める ときは、管理者に対し、前条に規定する周知に関し必要な指導、助言及び勧告をすることができる。

附則

（施行期日）

1この条例は、令和三年十月一日から施行する。

（見直し）

2県は、社会状況の変化等を踏まえ、必要に応じこの条例について見直しを行うものとする。

(2) 千葉市のエスカレーターに関する指針

千葉市役所ではエスカレーターに関する市民の声を受けて、2015年11月に「市有エスカレーターの安全利用に関する指針」を発出しました。指針の内容は、千葉市の保有するエスカレーターの管理者が利用者に安全利用について以下に示す7項目の注意喚起を行うこととしています。

(1) 踏段の上を歩いたり走ったりしてはいけない。
(2) 黄色い線の内側に立ち、移動手すりにつかまって乗る。
(3) 移動手すりから外側へ顔や手を出したり、体を乗り出したりしてはいけない。
(4) 幼児を乗せるときは保護者が支えて乗る。
(5) ベビーカー、カート、車いす、台車を乗せてはいけない。
(6) エスカレーターで遊んではいけない。
(7) 踏段の溝に傘の先端等の細い物が挟まったり、踏段とスカートガードの隙間等に衣類の裾や靴紐等が巻き込まれたりしないように注意して乗る。

注意喚起の主な内容はエスカレーターの歩行を禁止するものですが、利用者の義務については記述されていません。この指針は法律ではないので、罰則等何らかのペナルティを課すものではありません。千葉市市有の限られたエスカレーター（指針発出当時31台）の管理者に義務を課した狭い範囲のかなり緩い規則ですが、管理者はこの指針をもとに市有のエスカレーターの歩行を制限する広報をし

写真 3-5 千葉市ビルの歩行禁止ステッカー

「歩かない 走らない」と、日本語、英語、中国語、韓国語の 4 カ国語で書かれています。

写真 3-6 千葉都市モノレールの歩行禁止ステッカー

千葉市の取り組みは、エスカレーター歩行禁止のパイオニア的な制度です。当初は疑問視もあったようですが、現在では全国的に歩行禁止の機運は高まっていると思われます。

ており（写真3－5）、市有ではありませんが市内を運行する千葉都市モノレール株式会社も協力して駅構内でエスカレーターの歩行禁止の広報をしています（写真3－6）。これは、もととなる法律のない中での最大限の対応と思われ、埼玉県の条例ができる前のパイオニア的なエスカレーター歩行禁止の制度といえるでしょう。

エスカレーターの歩行の是非についての議論は第7章にありますので、ご覧ください。

コーヒーブレーク　3大はた迷惑？

筆者が感じる日本の「はた迷惑」は3つあります。1つ目は歩きたばこ。これは、受動喫煙防止のための各条例や改正健康増進法のおかげでずいぶん少なくなりました。歩きながらのたばこは喫煙者当人は爽快感があるでしょうが周りの人は煙や火で迷惑します。2つ目は歩道を走る自転車。歩道を好き勝手に走る自転車は多いですが、歩行者にとっては危険で迷惑です。自転車での歩道の走行は一部法律で許されている場合もありますが、歩道上では自転車は中央より車道側を徐行と歩行者優先がルールで、こちらは誰も守っていません。3つ目がエスカレーターの歩行です。歩く人は時間短縮になってメリットがありますが、止まって利用する人は空いていても片側しか使えず歩く人と接触するなど、不便や不快を強いられます。たばこと自転車には法律があって守るべき方向は明確ですが、エスカレーターの歩行に関する法律は埼玉県の条例ができるまでは何もありませんでした。

コーヒーブレーク　名古屋市のエスカレーター条例

名古屋市でもエスカレーターの歩行に関する条例が令和5年10月1日に施行されました。この条例は埼玉県と同様にエスカレーターの歩行を禁止するもので罰則はありません。しかしキャンペーンの方法や歩行の変化はかなり違っていました。名古屋市では条例施行後約2週間にわたって写真のような「なごやか立ち止まり隊」を実施し、大きな手のマークを背負ったスタッフがエスカレーターの右側に立ち、直接歩行を止めました。これまでの「手すりに掴まりましょう」や「歩行はご遠慮ください」から一歩進んだ積極的な歩行抑制策です。名古屋市にお聞きしたところトラブルはなかったとのことでした。名古屋市地下鉄駅のエスカレーターでは、空いている時は左側立ちで、列車を降りた最初のグループは他地域同様右側を歩きます。しかしじきに右側で停止する人が現れ、後は2列停止利用になります。ですから東京や大阪のように歩く人がいなくても常に片側を空ける習慣はなく、無駄なくエスカレーター空間が使われています。福岡市地下鉄も同様な状況で、大変合理的な利用方法です。ただキャンペーン中にスタッフを左側から歩いて追い越す人もいたそうです。

「なごやか立ち止まり隊」（提供：名古屋市）

4 エスカレーターの安全性

4.1 エスカレーターの事故

映画『モダン・タイムス』（1936年）では、職工役のチャップリンがベルトコンベアの流れ作業に追い付かずベルトコンベアに乗ってしまい工場の機械の歯車の中に巻き込まれてゆくシーンがあります。動いている機械の中に人間が入ってゆく恐ろしい光景を彼一流の喜劇にしています。エスカレーターに乗ることは、考えようによってはモダン・タイムスと同じ危険なことをしていることになるのではないでしょうか。

エスカレーターは巨大な機械で、多くの利用者を移動させる（写真4-1）ために強力なモーターで駆動されています。エスカレーターに乗り慣れると忘れてしまいますが、意志もなく動いている機械の中に生身の人間が入って行くことは危険で、実際事故も発生しています。どのような事故が起きているのか、日本エレベーター協会が5年に1回実施しているエスカレーターの事故調査[1)]のデータから見てみましょう。日本エレベーター協会が把握しているエスカレーターの事故だけなので、これ以

写真 4-1　多くの利用者を移動させるエスカレーター

外の事故もあると思われます。

調査した期間は2018、2019年の2年間で、対象となったのは全国の69，907台のエスカレーターです。事故件数は1，550件発生していますが、保守台数、事故件数とも前回の調査(2013、2014年)よりやや増えています。増加の原因はエスカレーターの設置台数と利用者数の増加と考えられます。設置場所数ではショッピングセンターが最も多く、次いで百貨店、交通機関、複合ビルとなっています（図4－1)。鉄道駅等交通機関の設置台数は約17％ですが、事故全体の半分近い約47％が発生していて交通機関での事故が多いことが分かります。利用者が多いことと列車等に間に合わせるため急いでいることが原因と思われます。この報告書ではエスカレーターの事故を「転倒」、「挟まれ」、「転落」の3種類に分類しています。転倒はエスカレーター上で転ぶことで、挟まれはエスカレーターの可動部分やエスカレーター外の梁等に体の一部や衣類、靴などが挟まれること、転落はエスカレーターの外に落ちることです。事故形態では転倒が6割で最も多く、挟まれは3割で、重大事故の多い転落は幸いなことにほとんどありませんでした（図4－2）。

(1) 転　倒

主な事故形態である転倒事故の内訳は、ステップ上が最も多く63％、乗り口が25％、降り口が12％となっていてステップ上の事故はエスカレーター事故全体の約半数を占めますが、これは歩行に起因するものが多いと考えられます（図4－3）。乗り口の事故は動いているステップにタイミングを合わせてうまく乗り移れないことから、降り口の事故は動いているステップから静止している床に乗り移る時に躓き転倒するものです。

(2) 挟まれ

挟まれ事故の内訳（図4－4）はステップと降り口「くし（コム）」（降り口の床面と稼動するステップの溝の間に設置されたくし状の装置（写真4－2（a））（詳細は第2章2・1（4）参照）

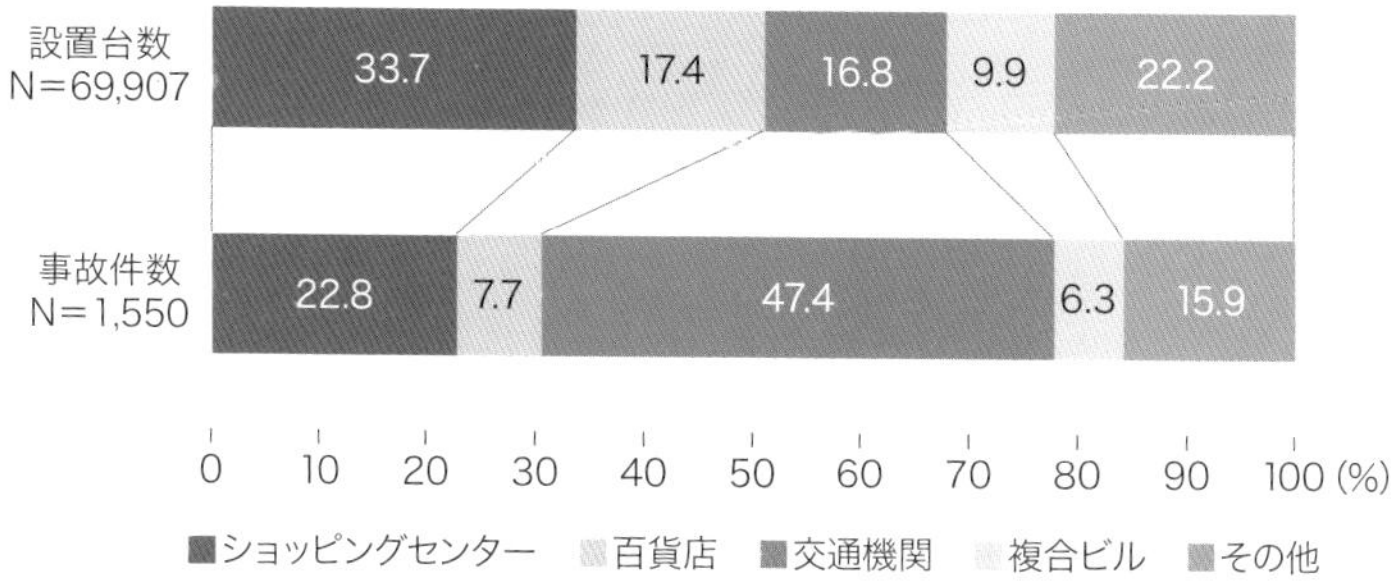

図 4-1　調査対象エスカレーターの設置場所と事故件数

利用者数が多い公共交通機関での事故が圧倒的に多く見られます。

との間に挟まれたものが最も多く、２番目はステップ（ステップと接するスカートガードカレーターの側面、写真４－２（ｂ））の間で、この２つで全体の９割近くを占めています。次いで手すりとインレット（手すりが機械内に収納されてゆく口、写真２－５参照）の間等で、エスカレーターと建物の梁や交差するエスカレーター間に挟まれるような重大事故は2件でした。後で述べますがこれらの挟まれ事故の防止のため、く

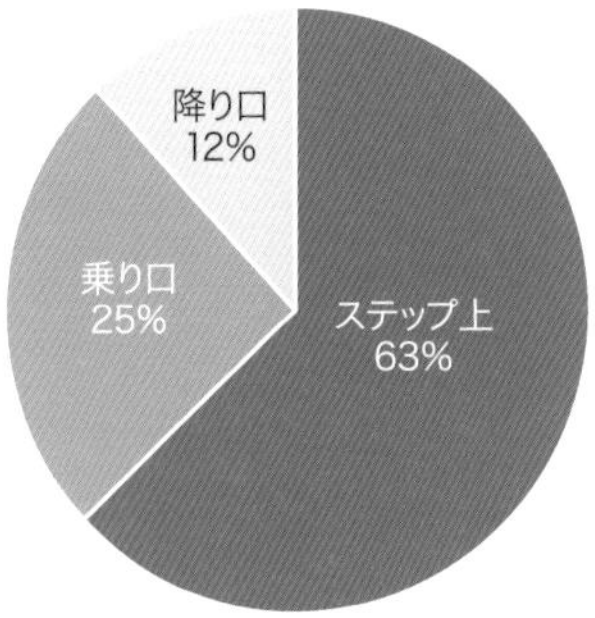

図 4-3　転倒場所の内訳（N=963）
ステップ上、乗り口の事故が多いです。

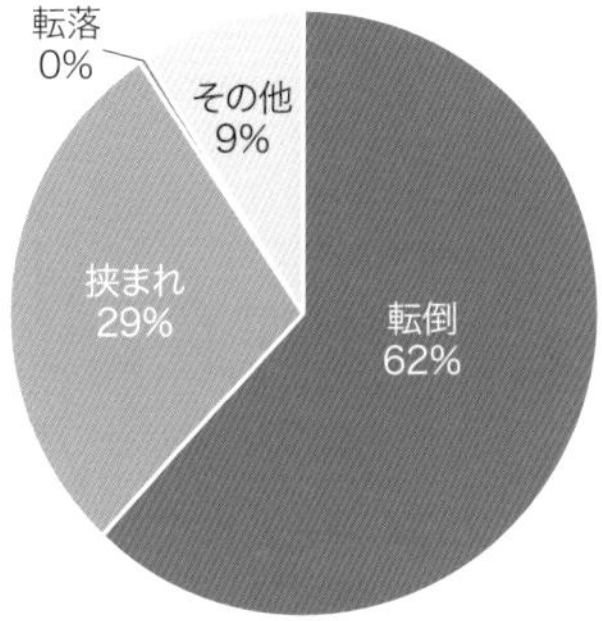

図 4-2　事故形態（N=1550）
転倒、挟まれ事故が多いです。

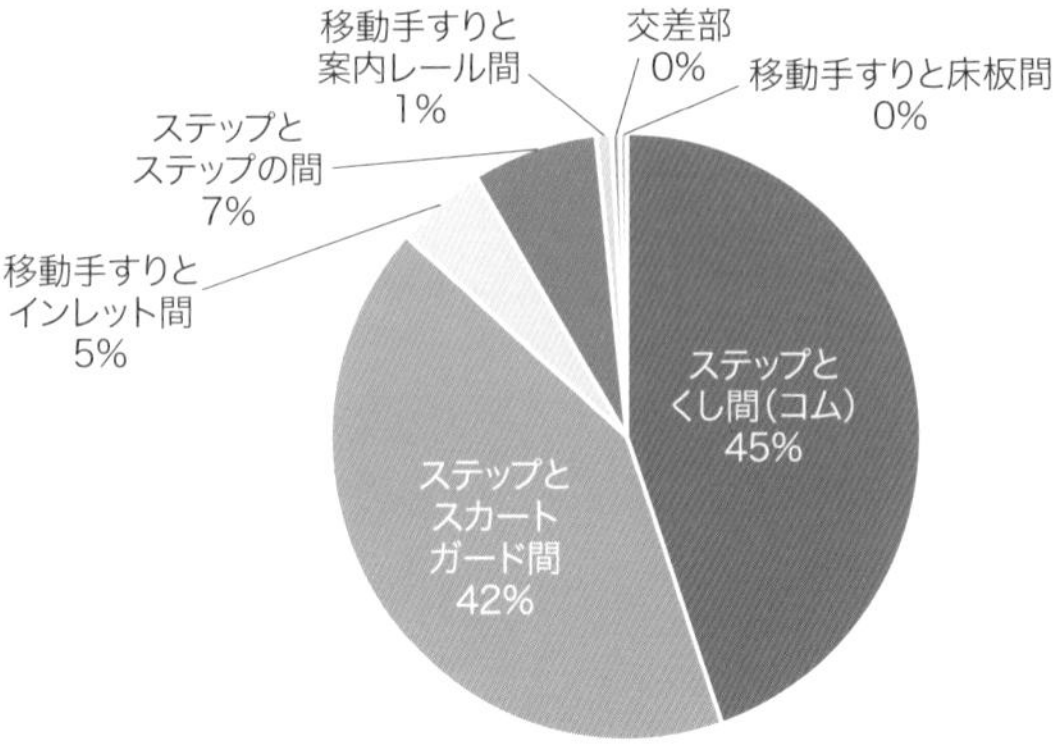

図 4-4　挟まれ事故の内訳（N=448）
ステップに挟まれる事故がほとんどを占めます。

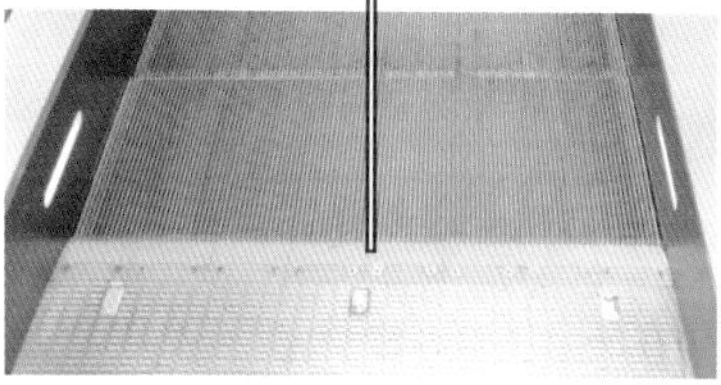

写真 4-2　くし（a）とスカートガード（b）
事故防止のため、様々な安全装置が取り付けられています。

し（コム）、スカートガードやインレット、建物の梁等との狭窄部等には様々な安全対策が実施されています。

(3) 転　落

重大事故につながるエスカレーターからの転落は、幸い5件と少なくなっています。

(4) 事故の原因

事故の原因は、乗り方不良によるものが52%、酔っ払いが10%、キャリーバッグ8%、などとなっています（図4－5）。最も多い乗り方不良の内訳は

1）手すりを持たず転倒する（両手に荷物など）。
2）踏段の黄色の線から足をはみ出し、挟まれる。
3）踏段上を歩行し、躓き転倒する。
4）手すりから体をはみ出し、挟まれる（ぶつかる）。
5）逆走して駆け上がり（または駆け下り）、転倒する。

などです。

乗り方不良の次に多い酔っ払い事故の発生場所を図4

ー6に示します。図から分かるように酔っ払い事故の約7割は交通機関のエスカレーターで発生しています。飲食店等で飲んだ利用客が帰宅途中に事故を起こすものと思われますが、交通機関での酔客対策が必要であるとともに利用客自身の責任もあります。旅行者が利用するキャリーバッグの事故も8%と少なくありません。大きくて重量のあるキャリーバッグがステップを転がり落ちれば他の利用者に危険です。図4ー7は筆者らが都内の駅で観測したエスカレーター上のキャリーバッグの保持方法ですが、[2] 1割以上の者がステップ上に置くだけで手放しに乗っており、何かの衝撃があった時に転がり落ちる危険性があります（写真4ー3）。キャリーバッグ事故被害者の74%は高齢者であり、落ちてきたキャリーバッグをとっさに避けられないことが原因と思われます。

(5) 高齢者

エスカレーター事故の被害者は高齢者が多く、約半数が60歳以上です（図4ー8）。60歳以上人口の割合がこれよ

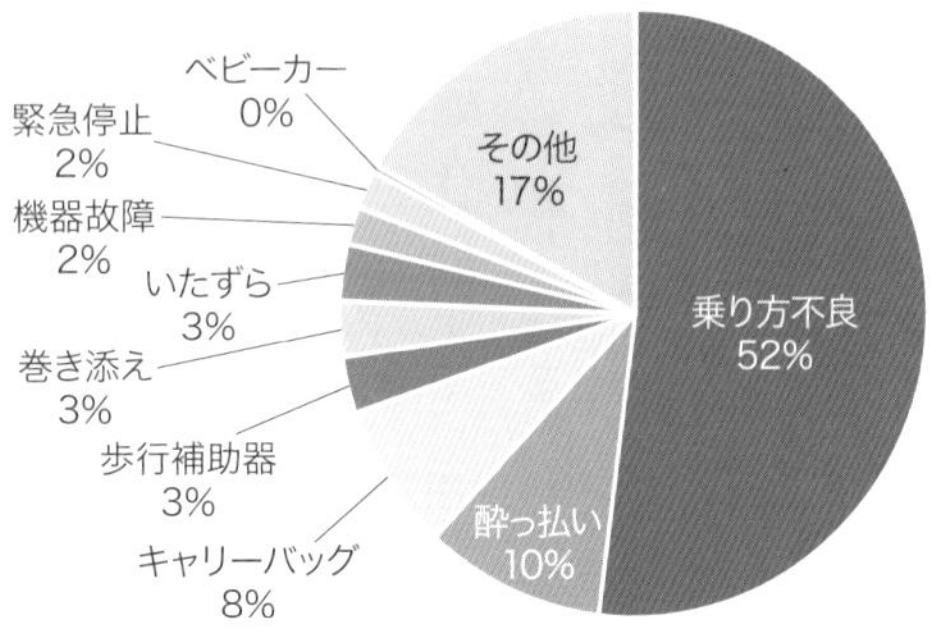

図 4-5　事故の原因（N=1550）
酔っ払いも1割います。

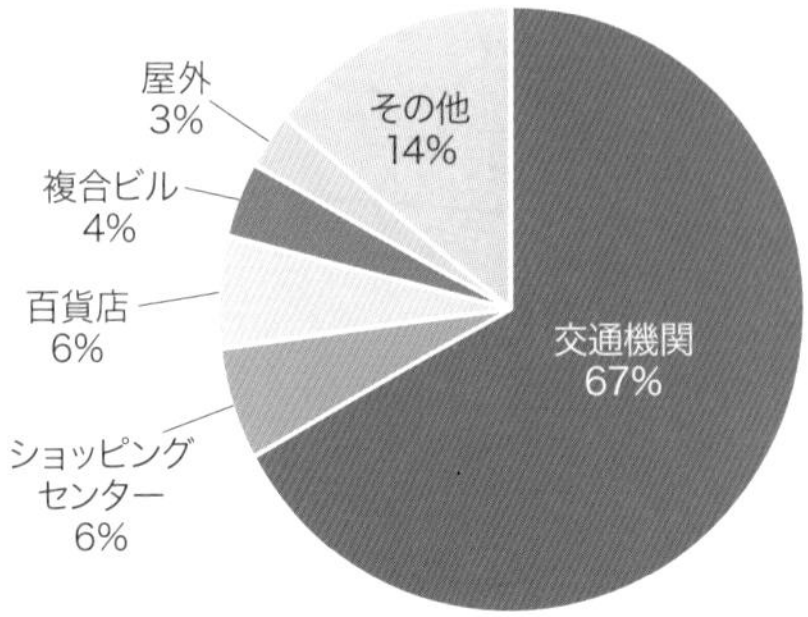

図 4-6　酔っ払い客の事故発生場所（N=153）
交通機関が7割です。

写真 4-4　荷物を離さないようにという注意喚起

ピクトグラムと４カ国語での注意喚起がなされています。

写真 4-3　キャリーバッグの保持例

キャリーバッグは、柄を片手で掴んでいても、ステップに載せるバランスが悪ければ転がり落ちる危険性があります。

り低いこと（２０２１年34・7％）や高齢者の外出頻度は若い人より少ないことを考えますと、この数字以上に高齢者がエスカレーターで事故にあう可能性が高いといえます。高齢運転者の交通事故が社会問題となっていますが、高齢者は一般に事故を起こしやすいと同時に被害にもあいます。

事故形態別では、挟まれと転倒事故の年齢層別の事故件数をみますと、挟まれ以外は60歳以上の

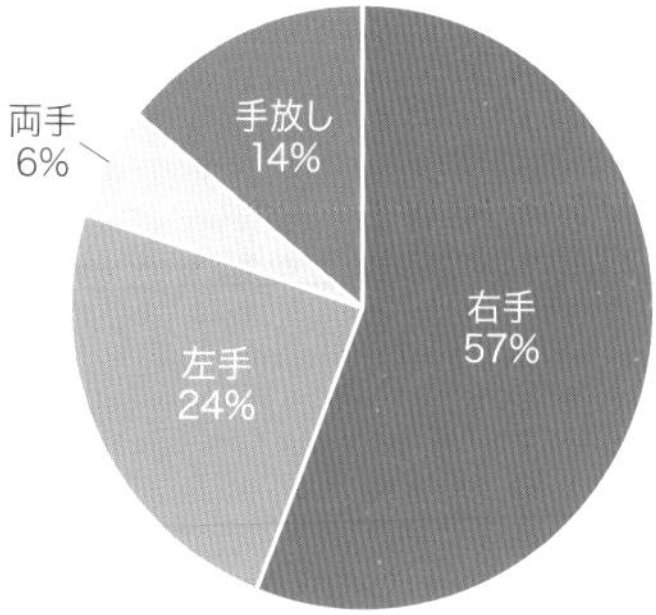

図 4-7　キャリーバッグの保持方法（N=207）

荷物手放しは危険です。

高齢者が多いことが分かります（図4－9）。特にステップ上での高齢者の転倒と乗降口での転倒も他の年代と比べ明らかに多くなっています。エスカレーターはかなり安全に利用できるよう工夫されていますが、それでも高齢者にとってはハードルが高いと思われます。

以上のことから、エスカレーター事故で件数が多く、特に対策が求められるのは高齢者と酔っ払いと思われます。酔っ払いはある程度自己責任ですが、高齢者はこれからも増えてゆくことが予想され、より安全に利用しやすいエスカレーターが望まれています。

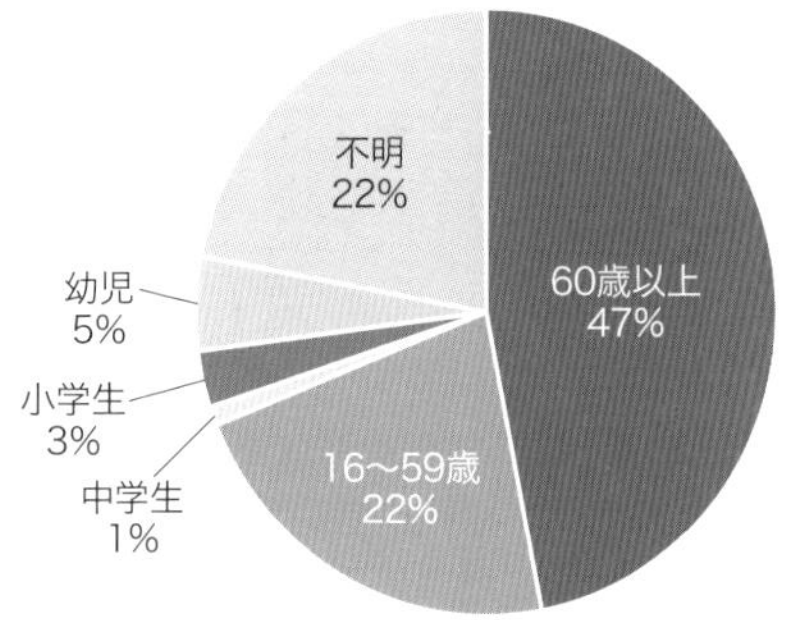

図 4-8　年代別被害者数（全事故形態 N=1550）
2021 年の 60 歳以上人口は人口全体の 34.7%ですので、人口の割合以上に高齢者の事故が多いです。

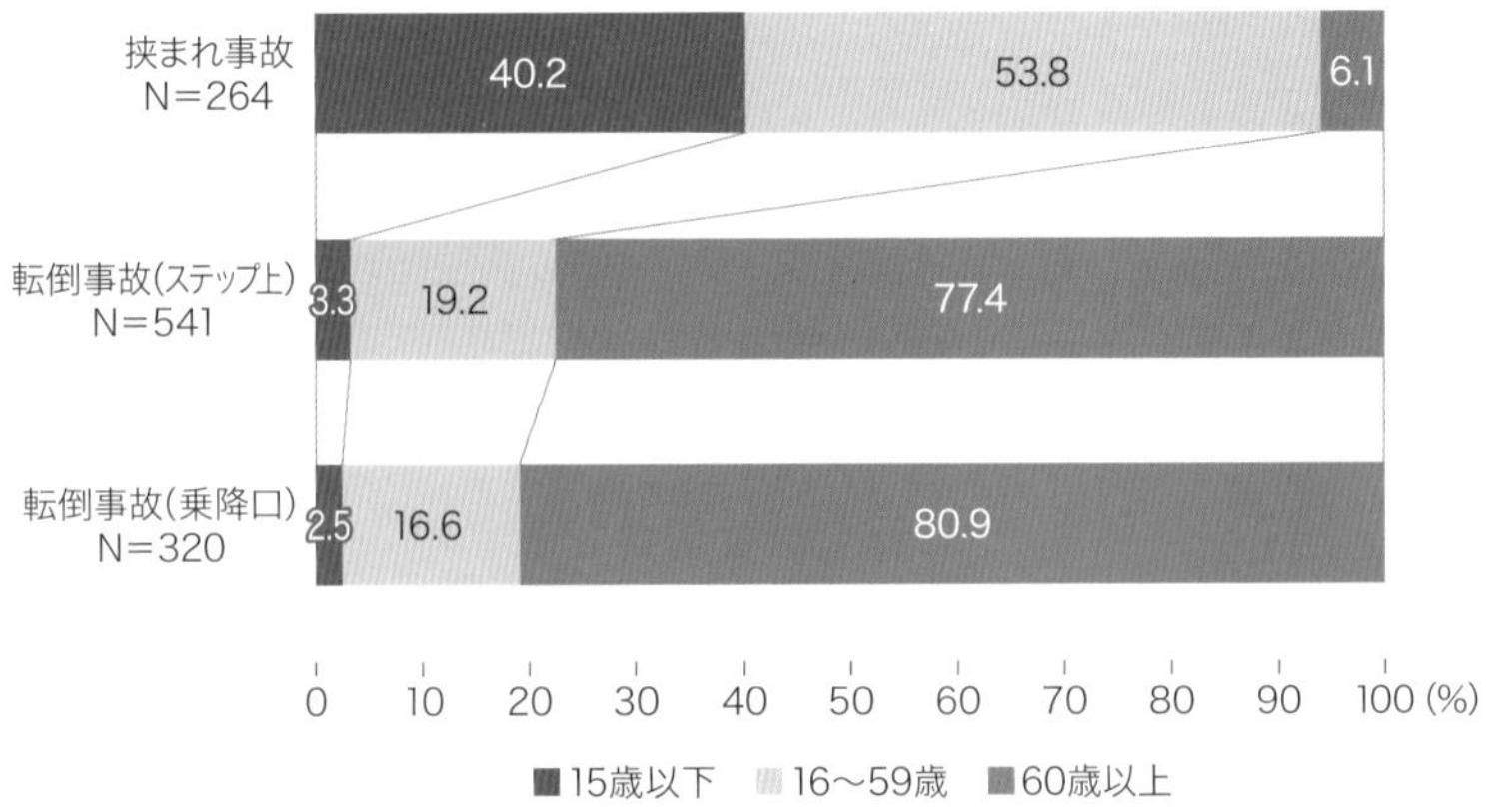

図 4-9　年齢層別事故割合（挟まれ事故、転倒事故）
転倒事故は高齢者が圧倒的に多いです。

4.2　安全対策

　これらの事故に対して具体的にどのような対策がとられているのでしょうか。転倒対策の基本は手すりです。エスカレーターに乗る時に手すりを掴むことは転倒事故を防ぐために大切です（写真4－5）。日本エレベーター協会は毎年エレベーターとエスカレーターに関するアンケート調査[3]を行っていますが、2020年の調査によれば止まって手すりを掴んで乗るようにしている人は回答者の67・3％に上っています。しかしこの数字は鵜呑みにできません。

　筆者らが調べたところ、エスカレーターで停止して乗っている人の23～35％くらいしか手すりを掴んでいませんで

写真 4-5　手すりの利用状況

手すりを掴むことは安全対策のために大切です。

した。[4] 手すりを掴むか掴まないかの要因を分析したところ、スマホ等の操作、性別、上り下りが大きな影響を与えていることが分かりました。図４－10はエスカレーター利用中のスマホ等の操作の有無と手すり利用の有無を示したものですが[5]、スマホ等を操作する者はあまり手すりを掴んでいないことが分かります。エスカレーターに乗りながらスマホを操作すると手が塞がってしまい、手すりに掴まりづらくなります（写真４－６）。上り下り別では下りが手すりを掴まない傾向にあります。上りだと手すりが上がってきて手から近くなりますが、下りだと段々下がって遠くなるのが原因と思われます。性別では女性が掴まない傾向にありますが、さらに調べると原因は手すりの不潔感でした。コロナ禍終息後は手すりに掴まる人がもっと少なくなるかもしれません。

「挟まれ」は大きな事故につながることが多く、様々な対策が取られています。エスカレーターには可動部分が多く、人が巻き込まれる危険性は大きいと思われます。衣類や靴がスカートガードとステップの狭いギャップに巻き込まれる事故が多く、様々な対策がなされています。スカートガードは衣類が巻き込まれないように平滑で引っかかりにくい構造にしてありますが、それでも

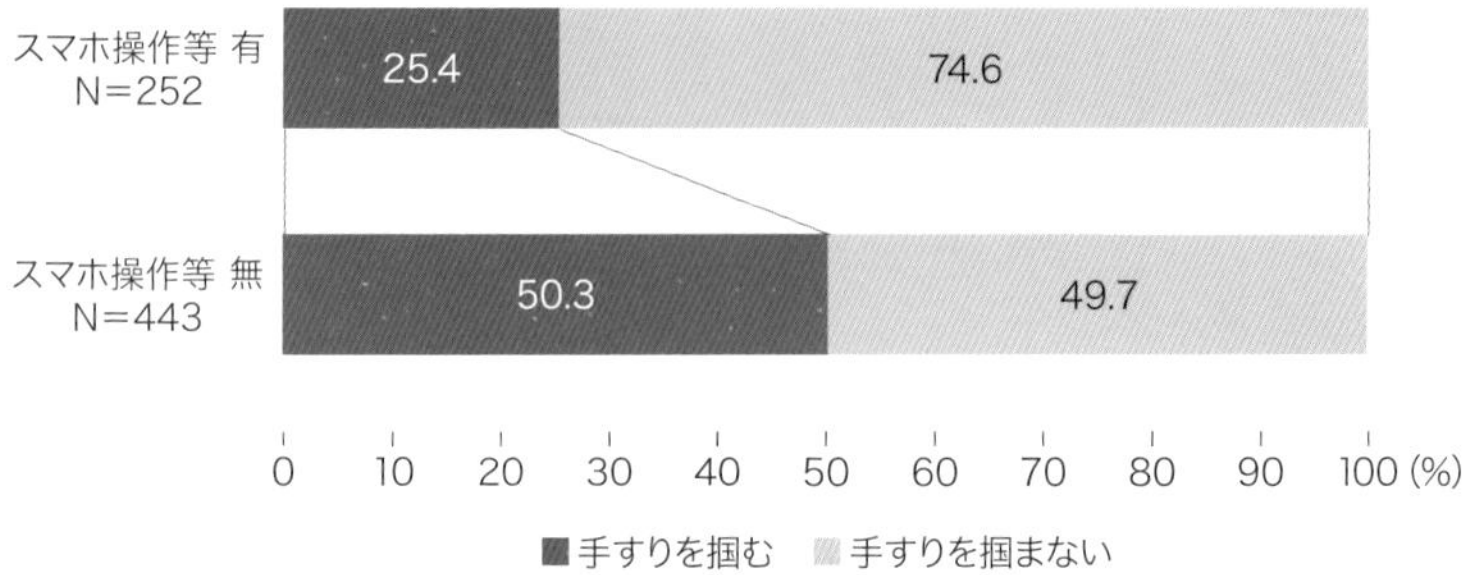

図 4-10　スマホ等操作の有無と手すり利用の関係
スマホ等操作する人は手すりにあまり掴まりません。

写真 4-6　エスカレーター利用中のスマホ操作

第７章でも触れますが、スマホ操作などの「ながら動作」は安全面での課題です。

写真 4-7　ライザーに彫られた溝

巻き込まれ事故を防ぐために、細かく溝がつけられています。体の一部や衣服・靴のほかに、ごみなどを排除する効果もあります。

巻き込まれ事故をなくすことができないので、潤滑油の塗布・フッ素樹脂加工による摩擦の低減のほかドレスガードと呼ばれるブラシ状の保護装置をスカートガードに沿って設置し衣類の巻き込みを防いでいます（写真２－６参照）。

エスカレーターのステップは平らではなく、必ずクリートと呼ばれる縦の溝が平行に何本も彫られています。よく見るとステップのライザー（写真４－７）と呼ばれる蹴上部分にも縦に溝が彫られていますが、これはなぜなのでしょうか。靴の滑り止めにもなりますが、主な目的は巻き込まれ事故を防ぐためです。もしステップが平らだと靴や衣服がステップと前のステップの蹴上部分（ライザー）の狭い間に入り込み、巻き込まれ事故が発生しやすくなります。特に降り口では上りも下りもステップ同士が閉じて平面になってゆくので、挟まれ事故の危険性が高くなります。しかしステップとライザーが溝で噛み合っていると、何かのきっかけで隙間に入り込んだ衣服等はクリート

（溝）によって排出されますので、巻き込みを防ぐことができます（図4－11）。降り口には先ほど説明した「くし（コム）」と呼ばれるくし状の部品（黄色が多い）が装着されていて、ステップのクリートと噛み合わさっており、靴や衣類の一部が溝に入っても同様に、くしによって排除される構造になっています。

エスカレーターの進行方向の巻き込まれはステップとライザーの溝と降り口のくしで対応できますが、スカートガードとステップの間の巻き込まれの危険性はまだ残ります。このためデマケーションラインと呼ばれる黄色い境界線をステップの縁に塗り、「端に乗らず黄色い線の中に乗ってください」と誘導する対策も取られています。さらに最近のエスカレーターではステップのスカートガードと接する両端部分を他の部分より少し高くして、ステップの端に乗らないように注意を与えています（写真4－8）。これだけの対策を行っても巻き込まれ事故は発生することがあります。このため法令（建築基準法施行令第129条の12、建設省告示第1424号）によって、挟まれなどの異常時には、エスカレーターが自動的に、急減速することなく安全に停止するように定められています。具体的に異常時とは、停電や故障でモーターが突然停止した時、ステップとスカートガードの間に衣服や靴など異物が挟まれた時、手すりの入込口（インレット）に異物が挟まれた時です。法令ではさらにエスカレーターの昇降口に非常停止ボタンの設置も義務付け、機械が検知できない時に異常を発見した利用者が停めることがで

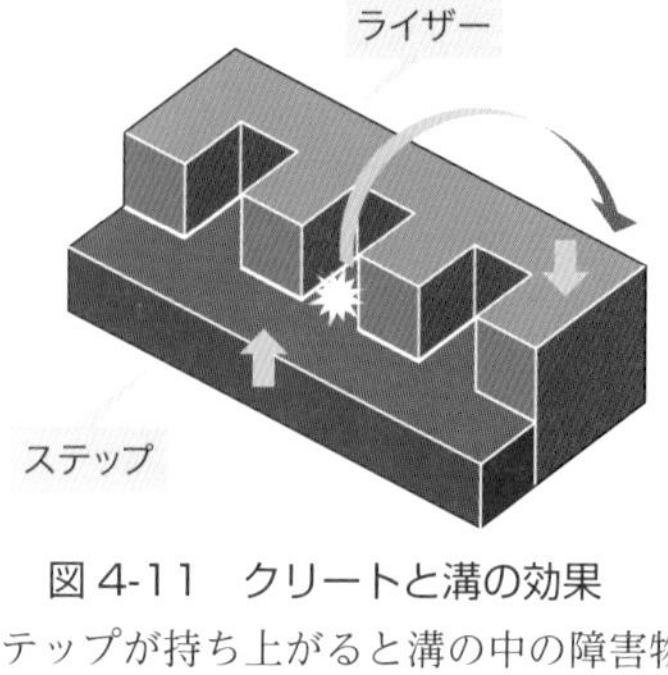

図4-11　クリートと溝の効果
ステップが持ち上がると溝の中の障害物が外に排除されます。

きるようにしています（第3章写真3－2、3－3参照）。

上りのエスカレーターでは上昇してゆくと上層階の梁や隣接するエスカレーターの下部と斜めに交差する場所が出てきます。もしこの時利用者の体がエスカレーター外にはみ出していると挟まれて大きな事故になります。以前このような挟まれ事故が多発したため、2000年から建築基準法が改正され、固定されたアクリル板等を保護板として交差部に取り付けることが義務化されました（写真4－9）。

「転落」は死亡など大きな事故になりやすいので特に気を付けなければなりませんが、本来エスカレーターは高低差のある場所に設置しますので、転落の危険性は常に潜在しています。最近は大きな吹き抜けがある建物や地下空間が多くなっており、このような部分にエスカレーターを設置すると転落の危険性はより高くなります。エスカレーター単体の対策には転落防止板（写真4－10）がありますが、エスカレーターの設置位置や利用客の誘導、広報、運用等多面的な対策が必要です。[6]

写真 4-8　デマケーションラインの端部処理
ステップの端が数㎜程度高くなっています。

この他、遮光センサーやレーザーによる測距センサーでステップ上の挟まれや乗降口で

写真 4-9　保護板
2000 年の法改正以前は、設置義務は可動式保護板のみでした。固定式保護板以外にも、可動式警告板を設置する例も多くあります。

の転倒を自動的に検出し非常停止させるシステムも開発されています。[7]

これだけの対策をしても事故はゼロにはならないので、最後は利用する者の注意が必要で、広報も安全性向上のため有効な手段です。例えば全国の鉄道事業者等は毎年7月に、エスカレーター「歩かず立ち止まろう」キャンペーンを行ってエスカレーターの安全な利用法について周知を行っています（写真4－11）。

写真 4-10　駅（上）と商業施設（下）に設置された転落防止板
利用者に圧迫感を与えない、透明性のある防止板が設置されています。

写真 4-11　エスカレーター「歩かず立ち止まろう」キャンペーン
壁面ポスターだけでなく、エスカレーター本体への掲示なども行われています。

コーヒーブレーク　ロンドン地下鉄火災の原因は

１９８７年11月18日の夕方のラッシュアワーの頃、ロンドン地下鉄のキングス・クロス駅で大きな火災が発生しました。乗客が喫煙で落としたマッチがエスカレーターに落ち、エスカレーターの下にあったほこりに着火し、瞬く間に火が広がって31名が死亡、１００名が負傷する大惨事となりました。当時のエスカレーターは踏板が木製で、燃えやすかったことも被害を大きくしました。

このことがきっかけでロンドン地下鉄は禁煙に踏み切り、その影響は日本まで波及して翌年から東京の地下鉄駅も禁煙となりました。最近の駅構内はどこでも受動喫煙防止のため禁煙になっていますが、一足先に禁煙となった地下鉄駅は、健康ではなく火災防止が理由だったのです。

【参考文献】

1）一般社団法人日本エレベーター協会：エスカレーターにおける利用者災害の調査報告（第９回）、*Elevator Journal* No.31, ２０２０年10月

2）元田良孝、宇佐美誠史：エスカレーター内のキャリーバック運搬方法に関する調査、第74回土木学会年次学術講演会講演集、２０１９年９月、CD-ROM

3）一般社団法人日本エレベーター協会：エレベーターの日「安全利用キャンペーン」アンケートの集計結果について（２０２０年度）、２０２１年３月26日

4）元田良孝、宇佐美誠史：エスカレーター輸送の基本特性に関する研究、第58回土木計画学研究・講演集、２０１８年11月、CD-ROM
5）元田良孝、宇佐美誠史：エスカレーター内の歩行に関する基礎研究、第38回交通工学研究発表会論文集、２０１８年８月、CD-ROM
6）国土交通省住宅局建築指導課：エスカレーターの転落防止対策に関するガイドライン、２０１７年７月
7）毛利圭佑 他：エスカレーターの安全・安心技術、電気学会誌、第１４０巻第10号、pp.672-675, ２０２０年10月

5 エスカレーターとバリアフリー

5.1 エスカレーターのバリアフリー

バリアフリーとエスカレーターの関係はどうなっているのでしょうか。高齢者や障害者など移動に支援が必要な人々の多くは垂直移動が困難です。このためバリアフリーにはエレベーターやエスカレーターなどの移動施設が必要ですが、エスカレーターはバリアフリー施設としては微妙な存在です。制度上はエレベーターや傾斜路の代替として位置付けられており、「主役」ではないのです。

（1）車いすのバリアフリー

車いすは普通のエスカレーターには乗れません。ステップの奥行は40㎝しかありませんので、もし仮に車いすでエスカレーターに無理に乗ろうとすれば2枚以上のステップにまたがることになり、どうしても斜めになってしまうため、転落の危険性が大きくなります。２０１７年7月に高松市の家具店の上りエスカレーターの降り口で、車いすの車輪が段差に引っかかって介助者とともに転落し、後方に乗っていた利用者が巻き込まれて死亡した事件がありました。

安全に車いすで乗れる特殊な車いす兼用エスカレーターが開発されたことがありました。このエスカレーターでは車いすを安全に乗せるため、ステップの中に2~3枚分が水平になる場所が用意されています（図5-1）。操作手順は、駅員など施設の管理者がまず一般利用者を止めて、エスカレーターを操作し、車いす専用運転に切り替えます。車いすが乗れるように設定されているステップ2~3枚が乗降口に停まりますので、車いすを載せます。次に車いす脱落防止の車止めがステップから立ち上がり転落を防止します。運転を開始するとエスカレーターの進行とともに2~3枚のステップがせり上がって並んで水平になり、車いすを載せて移動します。降り口に来るとエスカレーターが止まり、車いすをエスカレーターから降ろします。車いすがエスカレーターの降り口を通過した後は一定時間が経過した後に通常運転に切り替わります。従ってこの装置があると車いす利用者もエスカレーターを

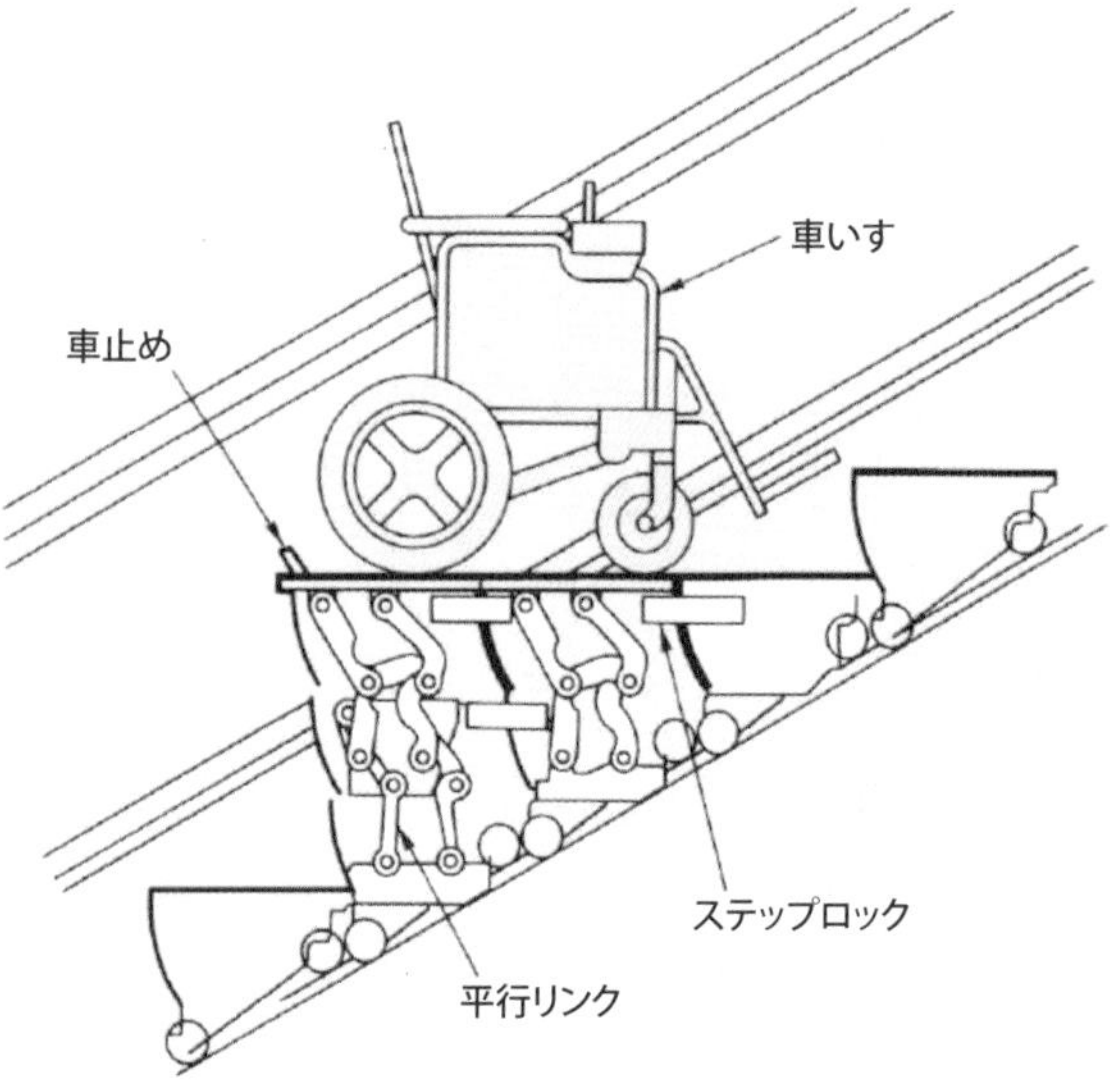

図5-1　車いす用エスカレーターの構造[2)]
段の端には車止めがせり出し、落下防止がなされています。

使えるようになります。2014年度では日本エレベーター協会加盟企業の全保守台数の1・7%（1，177台）が車いす兼用エスカレーターとなっていました[1]（写真5－1）。

車いすをエスカレーターで移動させる画期的なメカニズムでしたが、機構が複雑なうえ操作に複数の係員が必要で、さらに利用時には他の利用者を止めなければならず、車いす利用者が遠慮してしまい結局廃れてしまいました。このため現在では車いす利用者はエスカレーターではなくエレベーターに誘導するようになっています。

(2) 視覚障害者のバリアフリー

写真5-1　車いす用エスカレーター（提供：東芝エレベータ株式会社）
3枚のステップがせり上がり、車いすを載せられるようになっています。

視覚障害者はかなりエスカレーターを利用しています（写真5－2）。しかしエスカレーター利用で危険を感じる状況について、交通エコロジー・モビリティ財団で行ったアンケート調査[3]では、多かった順に次のような回答がありました。

・エスカレーターに乗っている時に歩いてくる人との接触。
・反対方向へ動いているエスカレーターへの誤進入。

写真 5-2　視覚障害者のエスカレーター利用の様子

・エスカレーターに乗降する時の躓き。
・時間により進行方向が変更されるエスカレーターに誤って乗ってしまう。
・速度の速いエスカレーターに知らずに乗って驚く。
・エスカレーターに乗っている時に他の誰かの落としたキャリーケースなどにぶつかる。

キャリーケースの転落危険性については第４章に述べていますので参照してください。

(3) 車いす利用者・視覚障害者以外の身体障害者のバリアフリー

筆者が行った車いす利用者・視覚障害者以外の肢体障害者のヒアリング[4]では、エスカレーター利用に関し次のような問題点や意見がありました。

・エスカレーターを歩いている人とぶつかることがあり怖い。
・右手しか使えないので、右側しか乗れないが、歩く人に脅かされる。
・歩行用にスペースを空ける習慣をなくして欲しい。
・上りはいいが、下りは怖い。利き足から乗るがもう一方の足がついてこられず後ろの踏段が上がると持ち上げられてバランスを失う。奥行のあるステップが欲しい。

このように肢体障害者の多くもエスカレーターの歩行を問題としており、エスカレーター上の歩行はバリアフリーの大きな障害となっていることが分かります。

障害により左手が使えない人はステップの左側に寄って手すりを掴むことはできません。かといって右側に立てば後ろから歩いてくる人に脅かされます。関西ではエスカレーターの左側を歩行用に空けますが、今度は右手が使えない人が不便になります。結局エスカレーターの利用ができなくなるという問題があり、エスカレーター上の歩行は身体障害者の利用を困難にしています。杖をつく高齢者も同様な問題を抱えていて、杖を持つ方の手で手すりを掴むことはできません。筆者の知り合いで杖をつかないと歩けない高齢者の方はエスカレーターの左側に立てず、駅ではエスカレーターに乗らずエレベーターを探すといいます。しかしエレベーターは不便な場所にあることが多く、さらに車いすなどエレベーターでしか移動できない人が優先で使いにくいそうです。写真5－3は盲導犬の訓練風景ですが、本来右手で手すりを掴まなければならないのに歩行者のスペースを空けるため窮屈な体勢で反対側の手すりに手を伸ばしています。

写真 5-3　盲導犬利用者のエスカレーター利用

（提供：公益財団法人アイメイト協会）

盲導犬利用者は本来盲導犬と並んでエスカレーターを利用すべきところ、歩行者のために窮屈で不安定な姿勢を強いられています。

東京都理学療法士協会では身体障害者からの「右半身が不自由で右側を歩く人とぶつかり、舌打ちや罵声を浴びることもあった」「左手が不自由なため、エスカレーターは右側に乗り右手で手すりに掴まって乗りたい」「(片側を歩く人が多いため) エスカレーターに乗ること自体が怖い」等といった声を受け障害者とエスカレーター利用の問題に取り組んでいて、２０１６年から「エスカレーター、止まって乗りたい人がいる」というキャンペーンを行って歩行の禁止と障害者のエスカレーター利用への理解を訴えています[5](図５－２)。エスカレーターの歩行は身体障害者を脅かしており、配慮が必要です。

図 5-2　東京都理学療法士協会のポスター
『エスカレーターの片側空け０』を目標とし、広報活動が行われています。

5.2　バリアフリーの法律

次に法律等制度面からバリアフリーとエスカレーターの関係について考えてみましょう。

障害者とは移動障害者である、という人もいるくらい移動は障害者や高齢者にとって大きな壁となります。

欧米では早くからバリアフリーの考え方や制度が発達し、ヨーロッパでは1950年代にノーマライゼーションという社会福祉理念が現れました。ノーマライゼーションとは、障害者と健常者とはお互いが特別に区別されることなく、社会生活を共にするのが正常なことであり、本来の望ましい姿であるとする考え方やそれに向けた運動・施策等を示しています。米国ではベトナム戦争で傷痍軍人が増え、その権利を守るため「障害を持つアメリカ人法（ADA法）」が1990年に制定されました。法律では全ての製品やサービスが障害者であることによって差別的な扱いをされることを禁止しています。この法律により従来は慈善や福祉で考えられてきた障害者の要求が、権利として主張できるようになりました。

日本は遅ればせながら建築関係が1994年に「ハートビル法（高齢者、身体障害者等が円滑に利用できる特定建築物の建築の促進に関する法律）」、交通関係が2000年に「交通バリアフリー法（高齢者、身体障害者等の公共交通機関を利用した移動の円滑化の促進に関する法律）」として制定されました。さらに2006年に両法を統合してバリアフリー新法（高齢者、障害者等の移動等の円滑化の促進に関する法律）が制定されました。

現在バリアフリー新法をもとに施設の移動円滑化の基準が定められていますが、2つの法律が合併してできた経緯から、大きくは建築と道路・公共交通に分かれています。

まず建築関係では、特定建築物と呼ばれる、ある程度以上の規模の建物（学校、病院、劇場、観覧場、集会場、展示場、百貨店、ホテル、事務所、共同住宅、老人ホームその他の多数の者が利用する政令で定める建築物）を対象に、バリアフリー新法施行令で「エレベーターその他の昇降機は、車い

写真5-4　段差解消のための短いエスカレーター

す使用者が円滑に利用することができるものとして国土交通大臣が定める構造とする」とされています。これを受けて、国土交通省告示第1492号ではエスカレーターに関して「車いすに座ったまま車いす使用者を昇降させる場合に二枚以上の踏段を同一の面に保ちながら昇降を行うエスカレーターで、当該運転時において、踏段の定格速度を30m毎分以下とし、かつ、二枚以上の踏段を同一の面とした部分の先端に車止めを設けたもの」としています。国土交通省告示では、エスカレーターをバリアフリーに用いるには、車いすが乗れる仕様にする必要があることを示しています。

公共交通に関しては、バリアフリー新法のもとに国土交通省の省令（移動等円滑化のために必要な旅客施設又は車両等の構造及び設備に関する基準を定める省令）が定められました。省令では旅客施設は「床面に高低差がある場合は、傾斜路又はエレベーターを設けなければならない。ただし、構造上の理由により傾斜路又はエレベーターを設置することが困難である場合は、エスカレーター（中略）をもってこれに代えることができる。」とあり、バリアフリー施設は傾斜路やエレベーターが基本で、それが困難な場合の代替としてエスカレーターが位置付けられています。表現をやさしくしたため正確でない部分もありますが、法令で定めるエスカレーターのバリアフリーの主な要件は次の通りです。

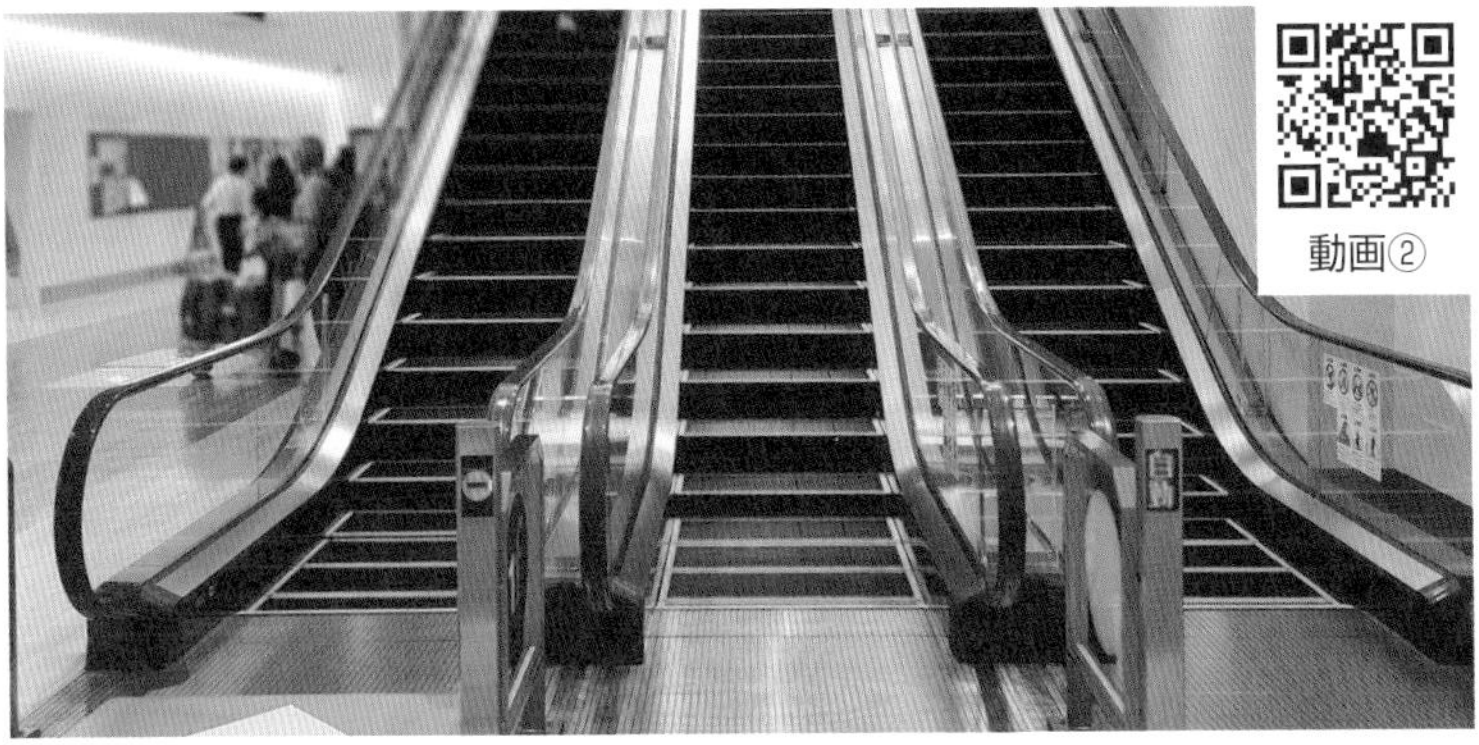

写真 5-5　水平部分が 3 枚の乗降口

写真 5-6　通常の乗降口

①上りと下りでそれぞれ専用のエスカレーターを設置すること

高齢者は階段の上りよりも下りに、より危険性を感じています。上りは身体的負担があるものの自分のペースで登れますが、下りは重力で引っ張られるので足の踏ん張りができないとそのまま転落する恐れがあります。

写真 5-7　くし板の明示
規定はありませんが、黄色が使われることがほとんどです。くしを目立たせるための照明（コムライト）がついていることもあります。

②ステップの表面とくし板は滑り止めがされていること

③昇降口のステップは3枚以上が平面であること（写真5－5、動画②、写真5－6）

エスカレーターは経済性・省スペースの目的からなるべく短くしようとするため、所定の高度に達するとすぐ昇降口という設計になりがちです。しかし高齢者や障害者は健常者より動作が遅いので乗降するのに時間がかかり、乗降口で転倒することがあります。このためエスカレーターの乗降口の水平部分を長くとり、安全性を向上させます。

④くし板とステップの見分けが容易にできるようにすること（写真5－7）

弱視者が乗降する時に、動かないフロアと動いているエスカレーターのステップを容易に見分けられるようにするため「くし」は黄色など目立つ色にしています。

⑤昇降口に進入ができる方向かどうか明示すること（写真5－8）

高齢者や弱視者はエスカレーターが上りか下りかを見分けることが難しいので、矢印などの標識で誘導する必要があります。

写真 5-8　進入方向の明示例

足元や手すり横に、進入方向のしるしがあります。音声案内がされる場合もあります。

⑥幅は800㎜以上とすること（写真5－9）

車いすの幅はＪＩＳ（日本工業規格）によって決められていて、手動式は630㎜以下、電動式は700㎜以下となっていますので、この規格に合わせています。ステップ幅800㎜、1,000㎜のエスカレーターは基準に適合しますが、幅600㎜の1人乗りエスカレーターはバリアフリーに適合しません。

⑦車いす利用者が乗れるような仕様にすること

5・1で述べた車いす用のエスカレーターを配備する必要があります。

⑧エスカレーターの行き先と上り下りの別をアナウンスすること

⑨昇降口の通路には点字ブロックを設置すること（写真5－10）

⑧⑨とも視覚障害者用の対策です。

5.3　バリアフリー整備ガイドライン

移動円滑化基準は遵守しなければならない規則ですが、その目安を示した「バリアフリー整備ガイドライン」（公共交通機関の旅客施設・車両等・役務の提供に関する移動等円滑化整備ガイドライン）

写真 5-9　1,000㎜幅と 600㎜幅のエスカレーターの例
このエスカレーターは車いす仕様ではありません。

写真 5-10　エスカレーター昇降口の点字ブロック
エスカレーター昇降口の存在を示しています。

があります。ガイドラインは移動円滑化基準の解説書的な役割があり、義務ではありませんが、望ましい整備の在り方を示しています。ガイドラインでは施設整備にあたっての考え方を次の3段階に分けています。

①移動円滑化基準に基づく整備内容
②標準的な整備内容
③望ましい整備内容

ガイドラインの実質的な中身は②と③になります。エスカレーターに関していくつかの例を以下に示します。

- ・踏み段幅100cm（S1000型）程度とすることが望ましい。
- ・踏み段の端部だけでなく、四方に縁取りを行うなどにより、踏み段相互の識別をしやすいようにすることが望ましい。
- ・櫛板から70cm程度の移動手すりを設ける。
- ・乗降口には、旅客の動線の交錯を防止するため、高さ80～85cm程度の固定柵又は固定手すりを設置する。
- ・エスカレーターは30m／分以下で運転可能なものとすることが望ましい。
- ・上り又は下り専用でないエスカレーターについて、当該エスカレーターへの進入の可否を表示することが望ましい。

・エスカレーターへの進入可否表示の配色については、(中略)、色覚異常の利用者に配慮する。
・エスカレーターのベルトに、しるしをつけることにより、進行方向が分かるようにすることが望ましい。
・音声案内装置の設置にあたっては、周囲の暗騒音と比較して十分聞き取りやすい音量、音質とすることに留意し、音源を乗り口に近く、利用者の動線に向かって設置する。

コーヒーブレーク 日本のバリアフリー

バリアフリーは元々欧米で発展してきた考え方や制度ですが、日本にも古来似たものがあります。山の上のある神社等では男坂、女坂というものがよくあります。男坂は神社まで直登する急な階段の参拝道で、女坂は回り道になりますが、なだらかな坂で上れる道です。男女差別というよりは、お年寄りなど階段を登るのが大変な参拝客用に作られた、当時のバリアフリーではないかと思っています。

かつての首相が、「人生には上り坂、下り坂とまさかの坂がある」と言っていましたが、人生の坂にはバリアフリーはないようです。

湯島天満宮（文京区）の男坂と女坂

バリアフリーのためには、様々な選択肢があることも重要です。

【参考文献】

1）一般社団法人日本エレベーター協会：２０１４年度昇降機設置台数等調査結果報告、*Elevator Journal* No.6, ２０１５年7月
2）小嶋和平 他：大型車いす用ステップ付きエスカレーター、日立評論、75巻7号、pp.39-42, １９９３年7月
3）公益財団法人交通エコロジー・モビリティ財団：視覚障害者のエスカレーター誘導に関する調査研究　報告書、２０１４年3月
4）文京区の肢体障害者6名のヒアリングから、２０１８年7月5日
5）齋藤弘 他：身体障がい者のエスカレーター利用にかかわる問題とソーシャルアクション、第62回土木計画学研究・講演集、CD-ROM、２０２０年11月

6 エスカレーターの交通と運搬能力

6.1　交通工学的にみるエスカレーター

エスカレーターは人を運搬する道具ですので、そこには交通が発生します。しかしエスカレーターの交通についてはいままであまり紹介されていませんでした。ここでは交通工学的視点でエスカレーターの交通流を考えてみましょう。

交通工学ではある断面を通過する人や車の台数を交通量と呼び、交通量を観測時間で割ったものを交通流率と呼んでいます。例えばある道路の断面を1時間に1，000台の自動車が通過したとすると交通流率は1，000台／時となります。時間交通量1，000台ともいいます。通った交通（人や車）の量を通過にかかった時間で割ると交通流率（どのくらいの勢いの流れか）が分かります。模式図を図6－1に示します。

エスカレーターでも同様に、乗り口で乗込む人数を1時間数えればそのエスカレーターの時間交通流率となります。交通流率は時間とともに変動して、駅のエスカレーターで考えますと朝夕のラッシュアワーは交通量も交通流率も増え、それ以外の時間帯は減ります（写真6－1）。

図6－2は鉄道駅におけるエスカレーターの1日の交通流率の変化の例を示しています。このように1日では朝夕のラッシュアワーの交通流率が多く、その中間の時間は少なくなります。もっと短い分単位の交通で見ますと、列車が到着すると利用客が一斉にエスカレーターに乗り、ホームの乗客が捌ければ次の列車まで空くというように変動も大きくなります（図6－3）。

6.2　交通容量とは

駅に何台のエスカレーターが必要かなどの施設の設計をする場合は、エスカレーターが時間当たりにどれだけの人数を運べるかが重要になってきます。運ぶことのできる人数を

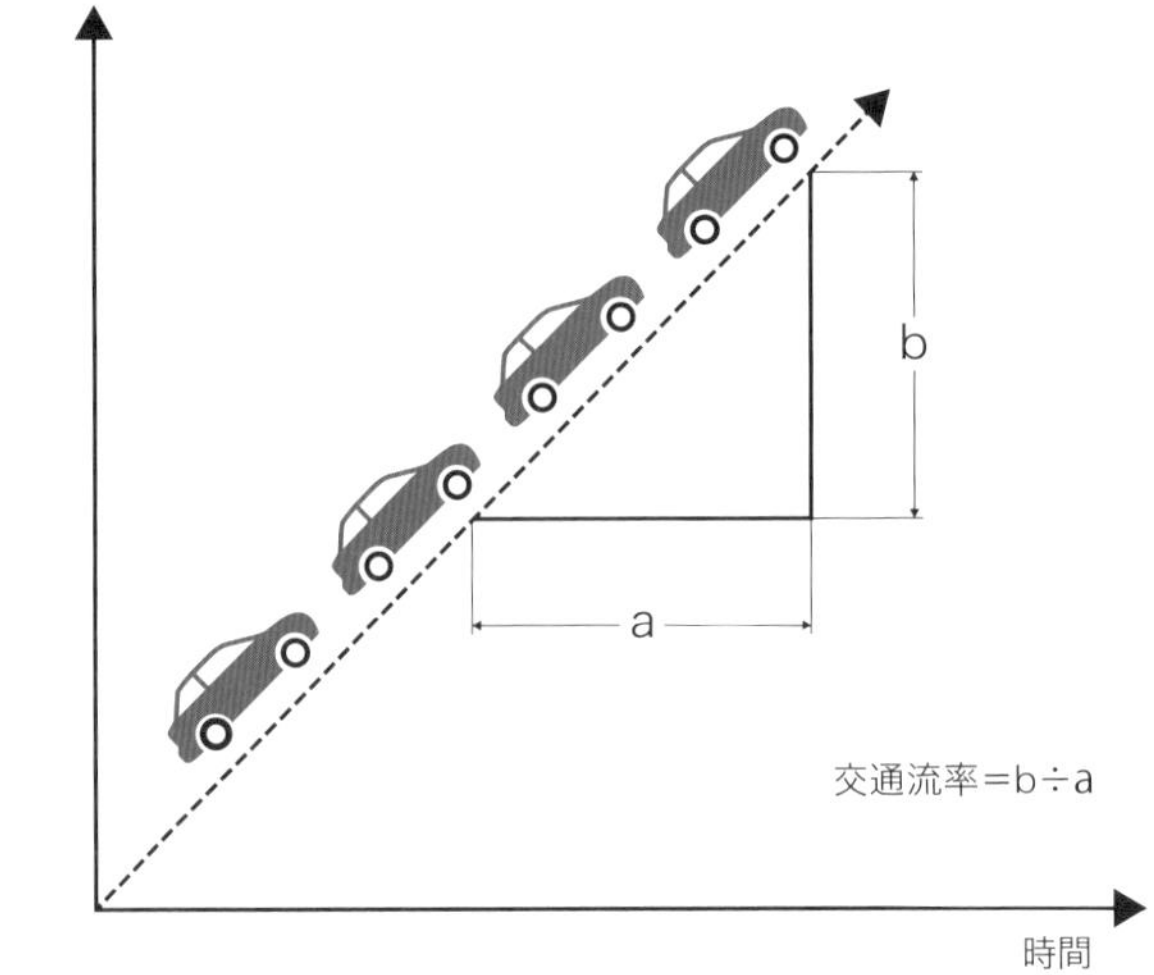

図6-1　交通流率の模式図

高速道路などの幹線道路には、数多くの車両感知器が設置されていて、交通流率などのデータを得て渋滞などの交通状況を分析しています。

写真 6-1　ラッシュアワーのエスカレーター交通
絶え間ない交通量が見て取れます。

交通容量といいます。交通容量が不足すると人が捌けなくなりホームに人が溢れ、行列をしてもなかなかエスカレーターに乗れなくなります（写真6－2、動画③）。

ではエスカレーターの交通容量、つまりどれだけ人を運ぶことができるかを考えてみましょう。まず条件を単純にするため、停止して乗る人1列当たりの交通容量を考えてみます。

理論的には全てのステップに人が乗った時が最大の交通容量になります。理解がしやすいように、平面をベルトコンベアのように進む動く歩道のようなものを考えます（図6－4）。ステップの奥行は0・4mなので、0・4m置きに人が並びます。もし分速30mのエスカレーターなら、1分間に30m進むので1分間に運んだ人数は30m÷0・4m／人＝75人となります。1時間では75人／分×60分＝4，500人となり、2人乗りのエスカレーターではこの倍の9，000人を運ぶことができます。エスカレーター製造メーカーが仕様として示している交通容量がこれです。

しかしステップの奥行は0・4mと狭く前の人や持ち物と接触してしまうことがあるので、実際は特別な事情がない限り全段利用は起きません（写真6－3）。前の人と1段空けて乗る人は多

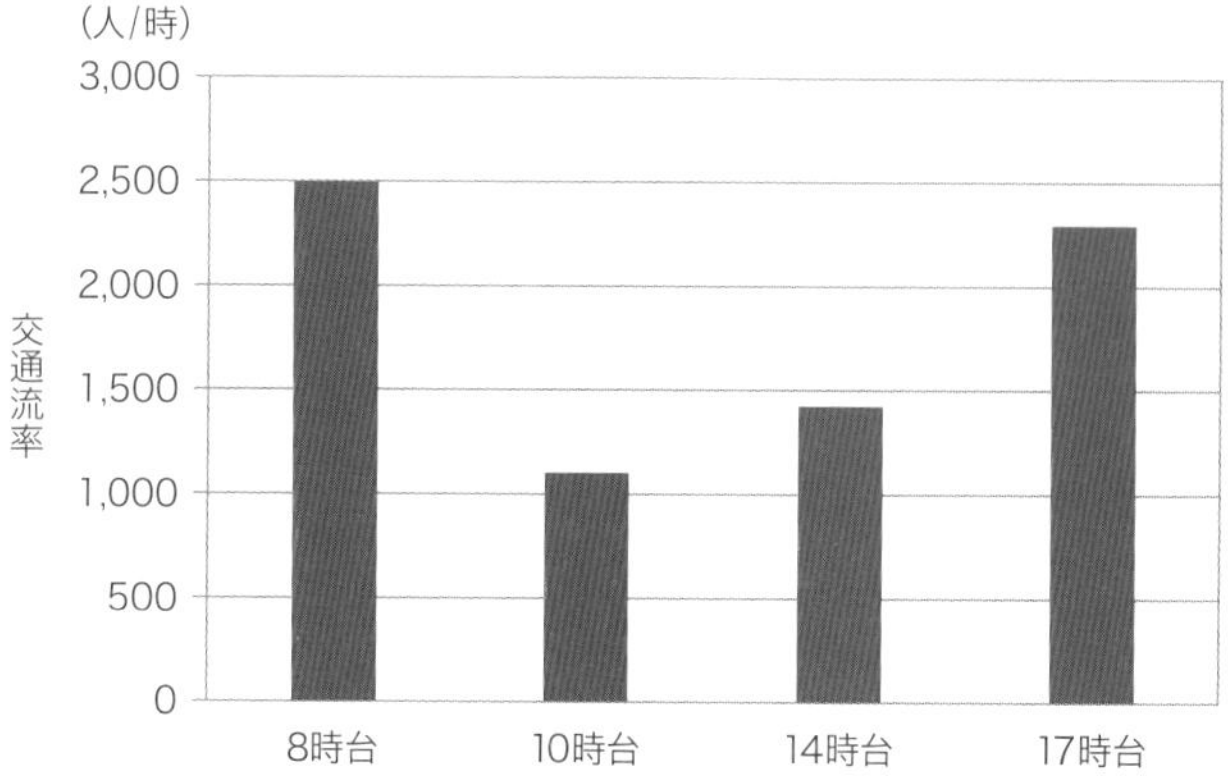

図 6-2　駅エスカレーター交通流率日変動の例（山手線大崎駅 1 人乗り下り）
この事例ではラッシュアワーとそれ以外でおよそ2倍ほどの顕著な差が見られます。

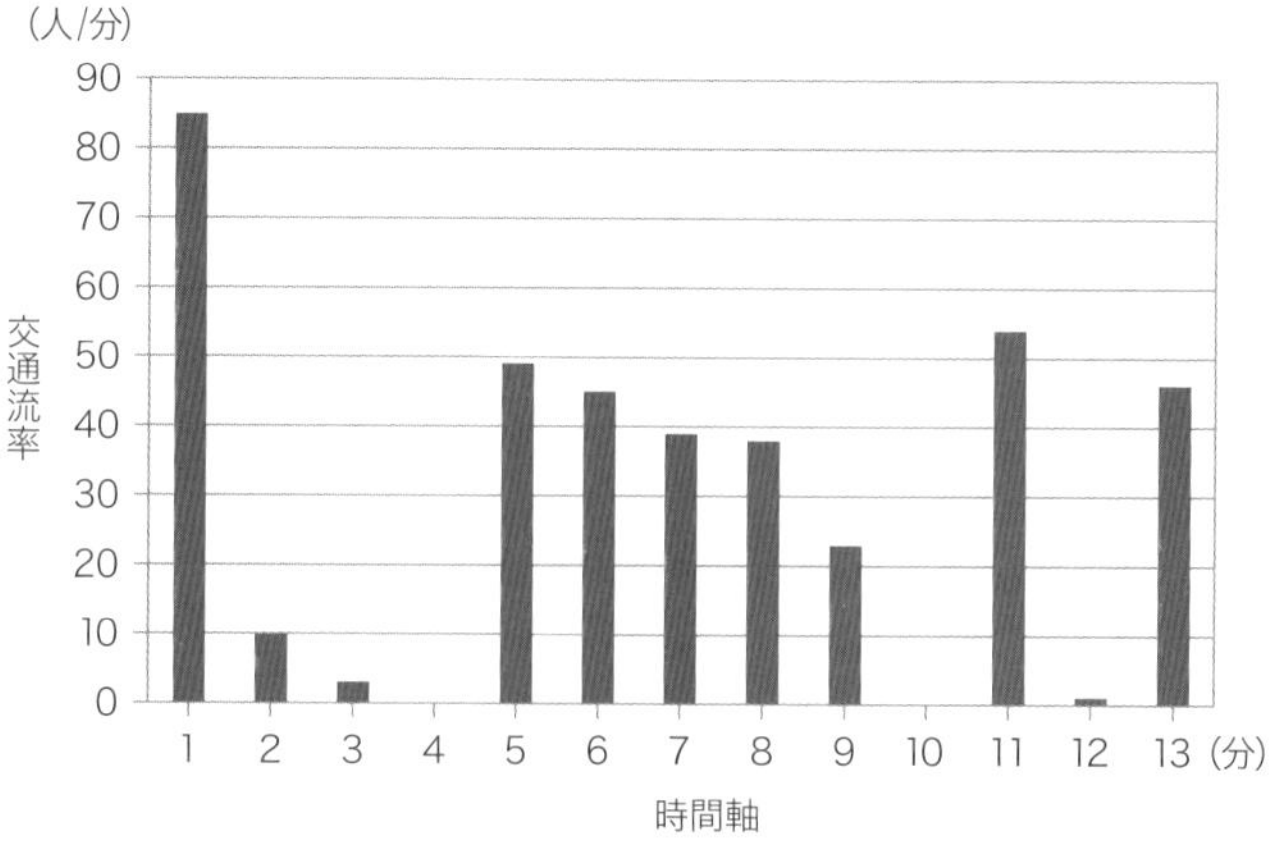

図 6-3　駅エスカレーター分交通流率の例（副都心線新宿三丁目駅上り）
分刻みで目まぐるしく交通流率は変動します。こういった傾向をもとに、駅のエスカレーターの設置数が決められます。

動画③

写真 6-2　電車到着前と直後のエスカレーターおよび階段の利用状況（後楽園駅）
一斉に混雑するエスカレーターと階段利用の様子が見られます。

いと思いますが、前の人との間を空ければ空けるほど交通容量は下がってゆきます。

どれだけ下がるかを計算してみましょう。図6－5に示すように、全段利用、1段置き、2段置き、3段置きを考えてみます。

1段置き利用では全段利用の半分になりますので、4，500人／時÷2＝2，250人／時、2段置き利用では3分の1で4，500人／時÷3＝1，500人／時、3段置き利用では4分の1で4，500人／時÷4＝1，125人／時となります。1つのステップに平均何人乗っているかを利用密度とすると、交通容量との関係は図6－6の通りとなります。

写真 6-3　数段置きに利用している様子

混んでいる状態でも、全段利用になることは、ほとんどありません。

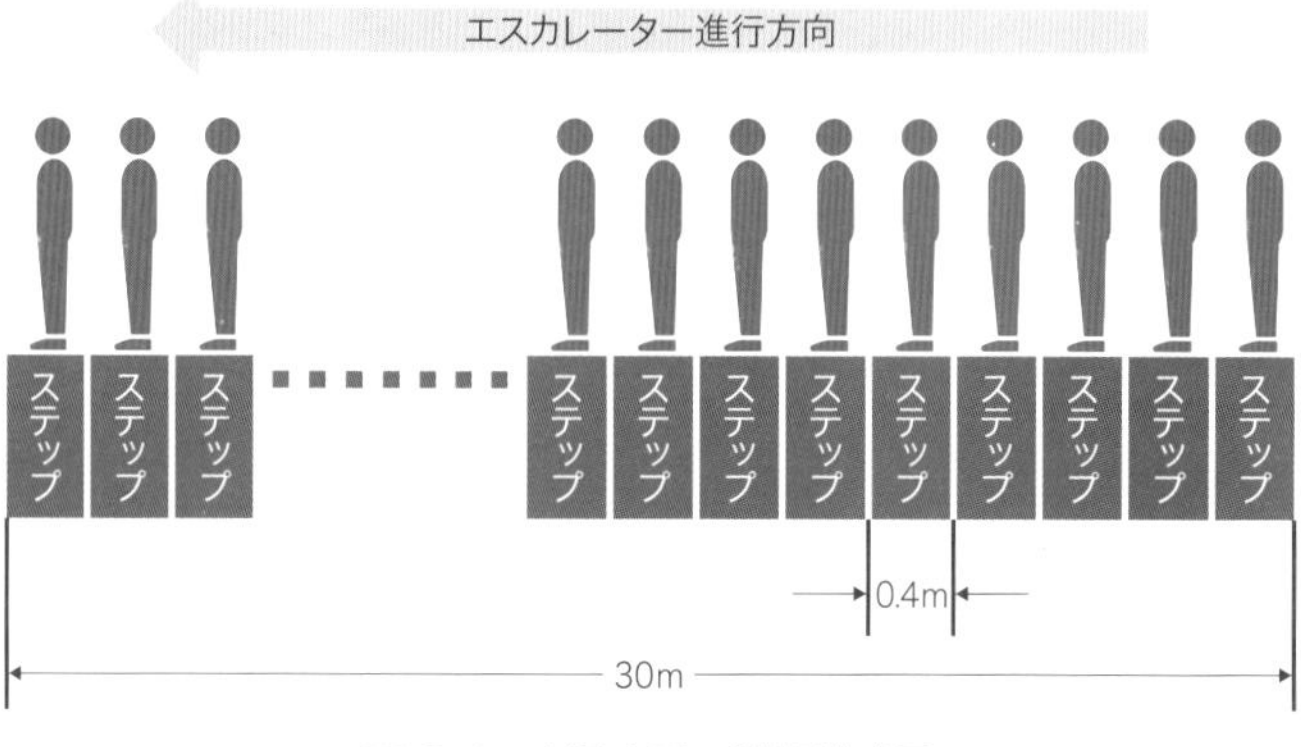

図 6-4　交通容量の計算模式図

理論的な最大値です。写真 6-3 で見たように、実際は特別な事情がない限り全段利用は起きません。

実際に観測されたエスカレーターでの時間と通過人数の累積（交通量）の例を図6－7に示します。最初は速く歩いて来た人が乗るので、後続の人とはギャップができますが、その後は1段置きに乗る人が多くなり最後はエスカレーターより遠くから歩いて来た人や遅く歩いて来た人が乗るのでやはりギャップができます。途中の傾きは階段状で、一定の交通流率が発生しておらず変動していますが、直線状の部分が断続的に平行していることが分かります。直線部分は計算すると傾きが0・625人／秒となっており、1時間当たり2，250人運んでいることになります。これは利用者が1段置きに乗っている状態で、連続はしていませんがこの部分が安定的な交通量を流

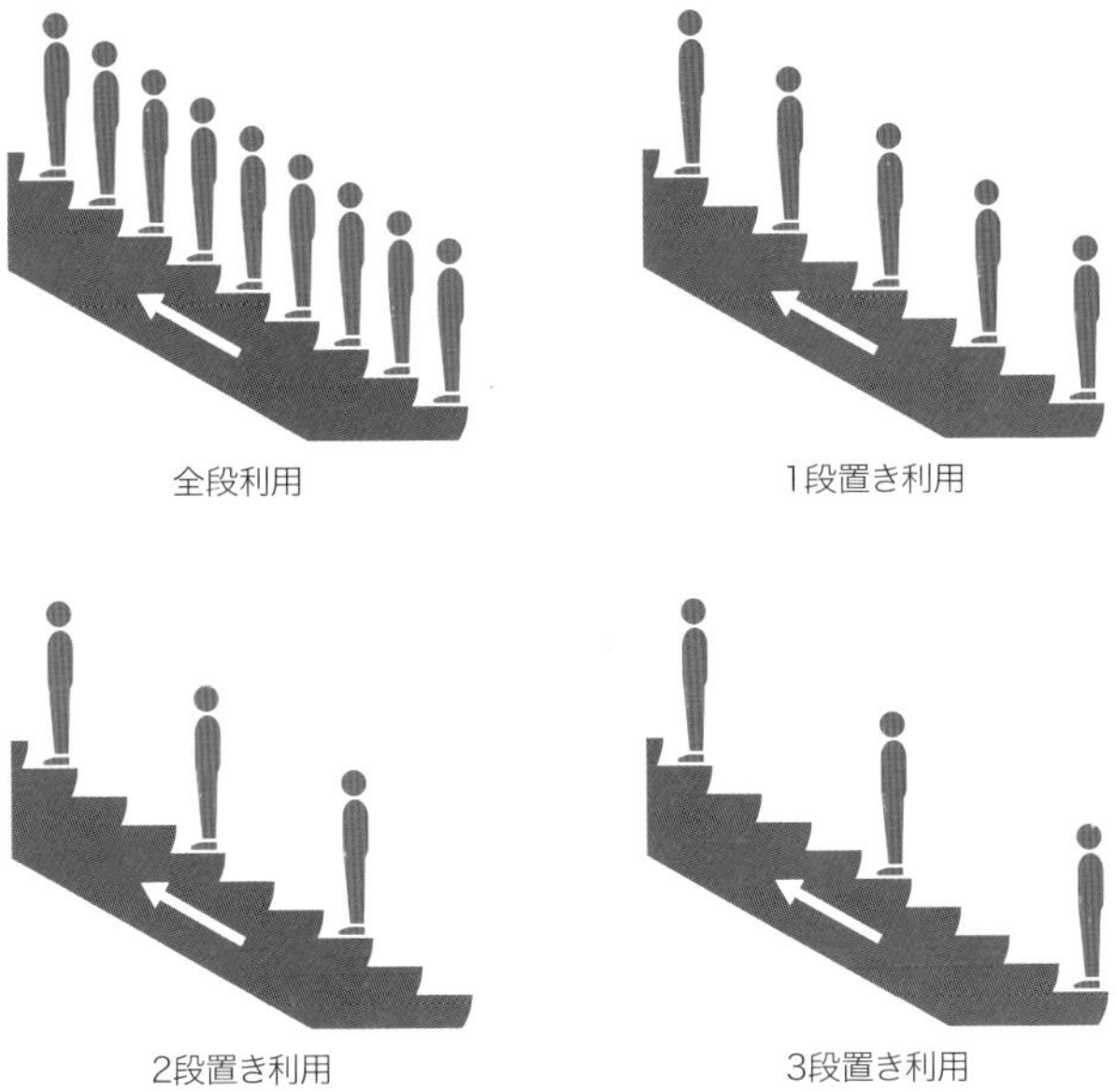

図6-5 ステップの利用形態

していることが分かります。図6－8は前の人と何段ステップを空けて乗っているかの相対頻度の例で、最も頻度の多い値は1段であり1段置きに乗っているケースが多いことを示しています。今までエスカレーターの交通容量についてあまり議論されたことはありませんでしたが、これまでに観測されました交通流から、1段置きに連続して乗っている状況が安定した交通容量を発生していると考えるのが妥当と思います。

一方実際に駅等の施設の設計で用いられている交通容量はここまで書いてきたこととは少し違います。メーカー、鉄道事業者各社で少しずつ基準が異なっており、表6－1のようになっています。なお設計輸送能力について各社で表現方法が統一されていないため、ここでは1ステップの平均利用人数（利用密度）に直した数値で示しています。これを見ると利用密度は0・4から0・8まで広く分布しています。0・4では1段置き以上にゆったりと乗れる状態ですが0・8では7割以上の人が間を空けず1段ごとに乗らなけ

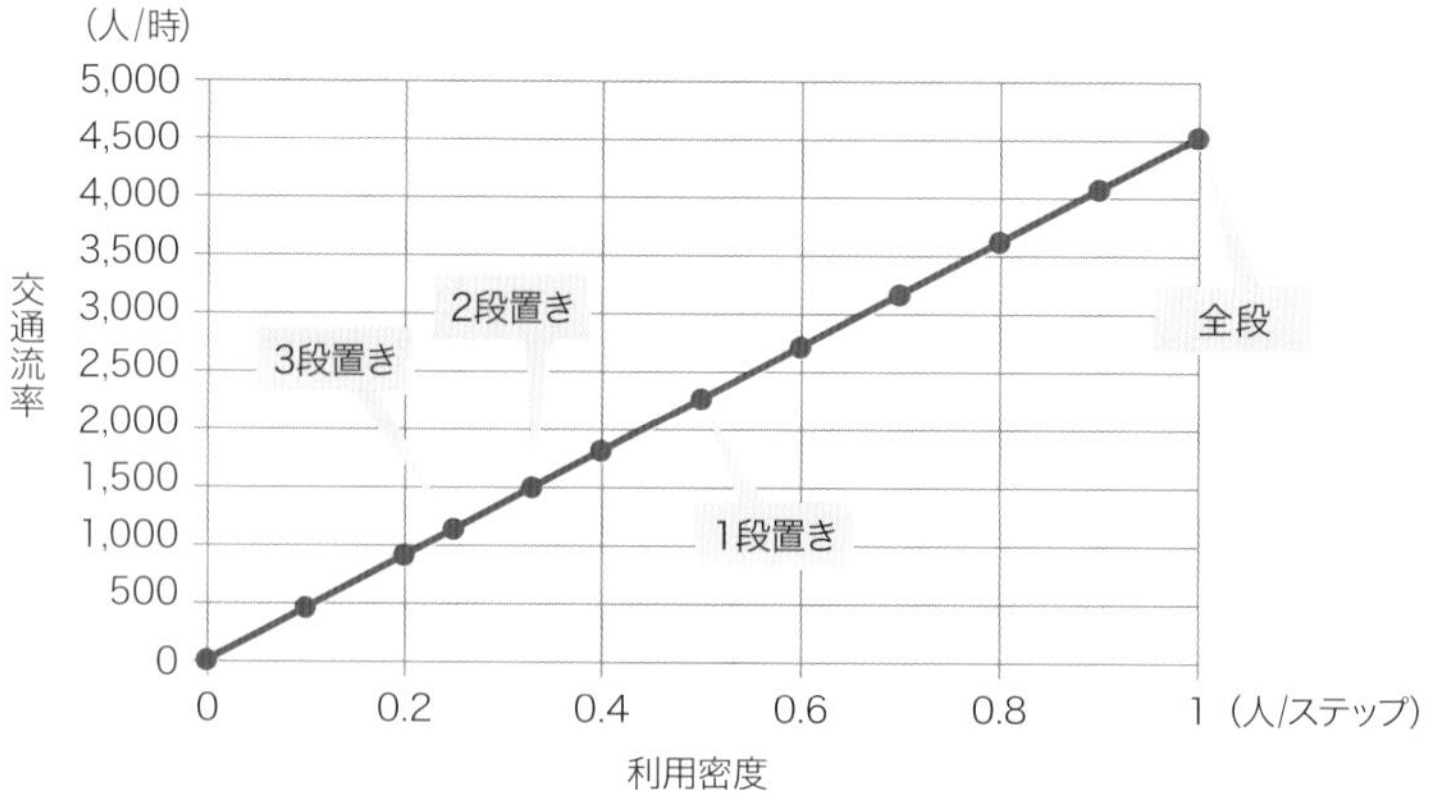

図6-6　エスカレーターの乗車密度と交通流率の関係

分速30m、1列停止利用。全段に人が乗れば1時間に4,500人運べますが、実際にはこの半分くらいです。

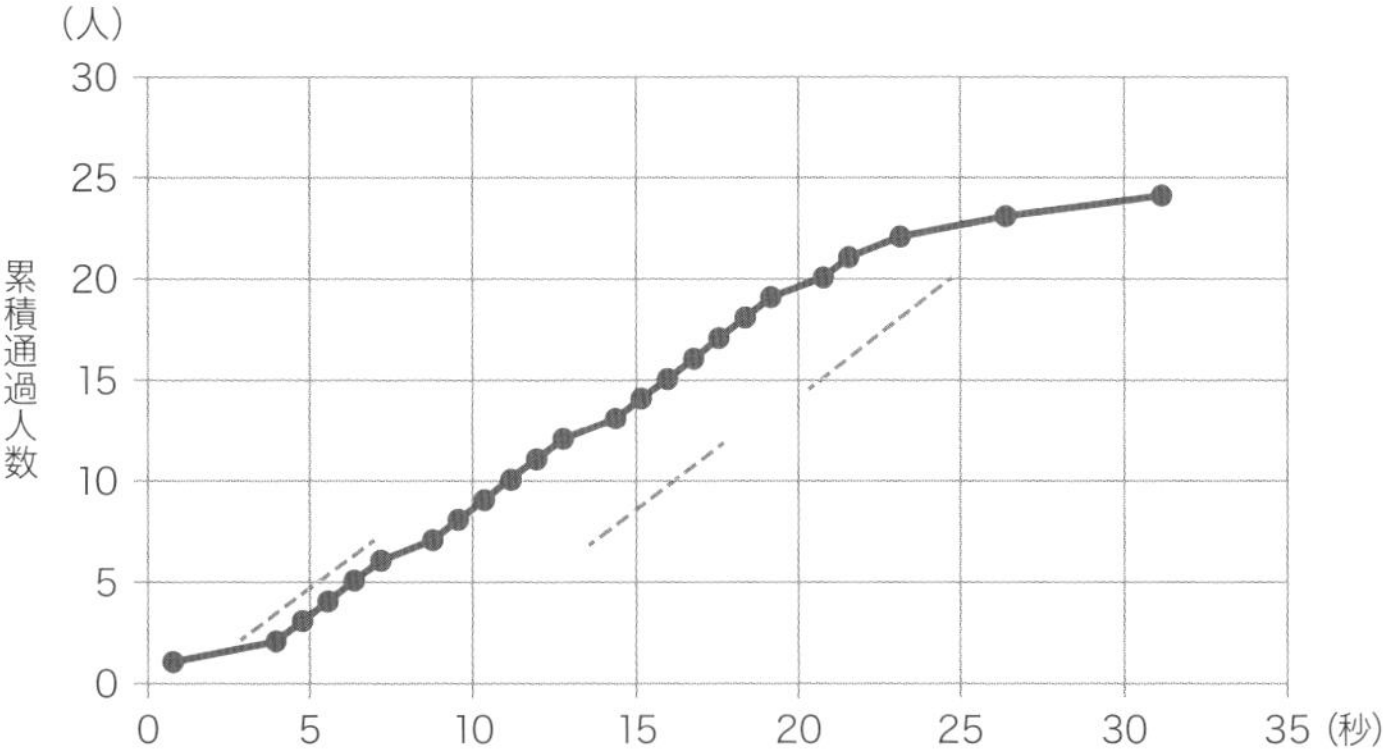

図 6-7 累積通過人数と時間の例（国会議事堂前駅上り停止側）

多少の変動はありますが、利用者が 1 段置きに乗っている状態がほとんどになっています。

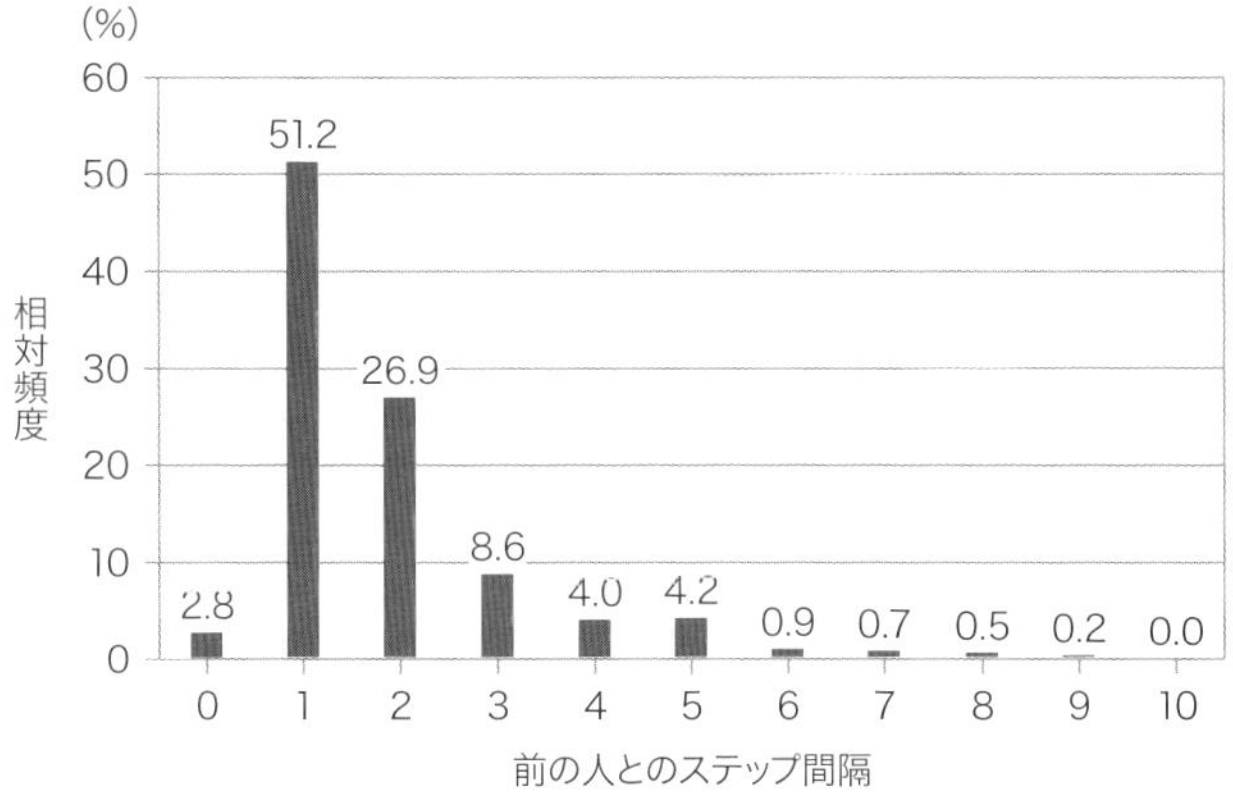

図 6-8 前の人とのステップ間隔の頻度分布の例（国会議事堂前駅上り停止側）

最も頻度の多い値は 1 段であり、1 段置きに乗っているケースが多いことを示しています。

ればならない、かなり窮屈な乗り方になります。1ステップ当たりの利用人数を大きくとれば、計画している輸送量に対してエスカレーター設置数は少なくて済みますが、小さくとれば多くのエスカレーターが必要になってきます。では実際はどれだけ運んでいるのでしょうか。

写真 6-4　数段置きに利用している様子

通常時の設計利用密度は、メーカーにより異なりますが、おおよそ0～1段置きの利用が想定されています。

表 6-1　設計に用いられている交通容量（1列分）

基準主体	1ステップ利用密度	1時間当たり輸送人数	備考
メーカーA社	0.4	1,800	閑散時
	0.6	2,700	通常時
	0.8	3,600	混雑時
メーカーB社	0.8	3,600	-
メーカーC社	0.5	2,250	通常時
	0.8	3,600	混雑時
国内鉄道D社	0.8	3,600	-
国内鉄道E社	0.75	3,375	-
国内鉄道F社	0.6	2,700	-
国内鉄道G社	0.78	3,510	-
国内鉄道H社	0.664	2,988	-
国内鉄道I社	0.8	3,600	-
国内鉄道J社	0.72	3,240	-

注）メーカーは各社Webサイトから、鉄道は鈴木[1)]らの文献による。1時間当たり輸送人数は分速30mの場合

6.3 実際の運搬状況

道路設計には時間交通量がよく使われます。1時間内に交通量の変動があって想定以上の交通が到着し短時間の渋滞が発生しても、1時間内に渋滞が解消していれば道路の機能に問題が生じないという経験に基づくものと思われます。このため1時間より短い分単位の交通量を計測することは、交差点の設計以外ではあまりありません。

一方エスカレーターの運搬能力が問われるのは列車で駅に到着した旅客をいかにスムーズにホームからコンコース等へ移動させるかという場合でしょう。ホームに人が一杯になりますと、転落したり、群衆雪崩が発生したりする危険性が出てくるからです。このためエスカレーターの交通量は分単位、あるいは秒単位で計測する必要が出てきます。ここでは短時間に発生するエスカレーター交通量に注目しましょう。

短時間の交通は変動が大きく、計測するのがなかなか難しいといえます。例えば駅の場合ホームからコンコース・改札口へ向かう交通では、交通量は列車の到着頻度と降車人数により大きく変動しますし、改札口・コンコースからホームへ向かう交通は改札口に到着する利用客の到着需要により変動して一定の流れとなりません。1日あるいは1時間単位で計測すれば安定した交通量が観測できますが、施設の設計に必要な短時間の交通の把握は難しくなります。

駅のホームから改札口方向のエスカレーターでは列車発着の間はほとんど利用者がなく、列車が到着すると降車客の先頭がエスカレーターに到着しエスカレーターを利用し始めます。そして1列車の最後の降車客が通過した後は再び利用者がなくなるというサイクルを繰り返します（図６－９）。利用客の非常に多い駅・時間帯では前の列車の降車客が捌けないうちに次の列車の降車客がエスカレーターに到着することがあるため、このサイクルが明確にならないこともあります。

一方改札口からホーム方向のエスカレーター交通は、改札外から改札口に到着する乗客の交通変動によるため前者と比べて明確なサイクルにはならないことが多くあります。

もし改札口からホーム方向にエスカレーターの容量を超える交通需要（ある区間またはある地点を通ろうとする人の数）があってコンコースが人で一杯になり危険な状態になった場合は、改札止めなどの手段で対応できますが、ホームから改札口方向のエスカレーターの容量不足が生じてホームに多くの人が滞留した場合は、対応手段が限られてきて危険になります。このため駅のエスカレーターではホームから

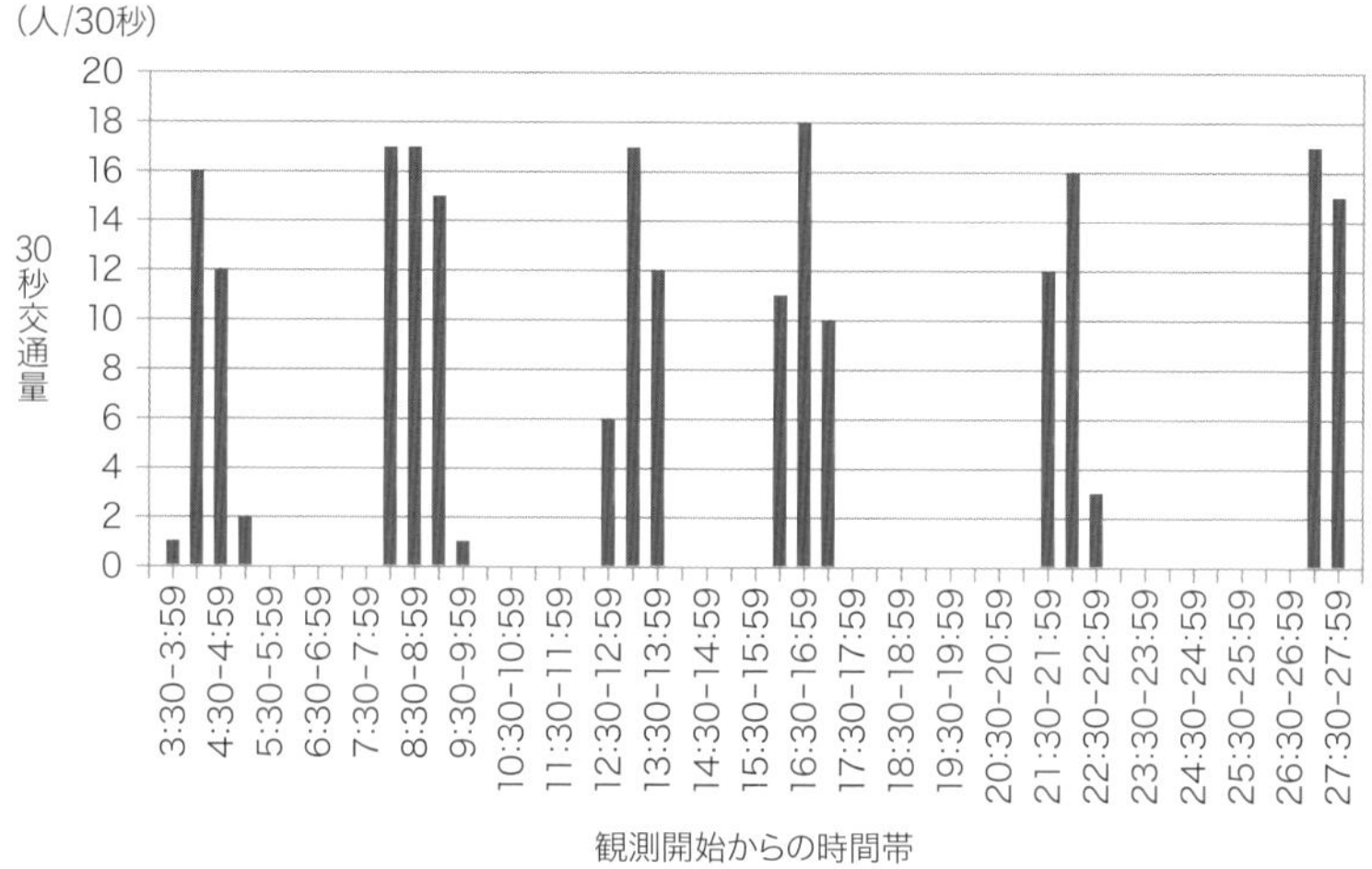

図 6-9　エスカレーターの 30 秒交通量の例（豊洲駅上り閑散時）
図 6-3、写真 6-2 でも見たように、列車の到着に伴い交通量は顕著に変化します。

改札口方向の交通処理がより重要になってきます。

駅の施設設計には「捌け時間」がよく用いられます。捌け時間とは列車が到着して降車客がホームに降りて階段やエスカレーターに向かい最後の降車客がいなくなるまでの時間で、捌け時間を短くすることでホームの滞留を早く解消することができます。図6－9で交通量が発生している時間が捌け時間です。従って捌け時間に最も大きな交通流率が発生していると考えられますが、表6－2は筆者らが計測した捌け時間における交通流率です。

他研究者[2]も都内の鉄道駅で捌け時間の交通量を測定しており、ほぼ同じような値となっています。表6－2に見られるように、1ステップ当たり利用密度はほぼ0・5前後で平均していて、1ステップ置きに乗っていることが分かります。これは、図6－7、6－8の結果と一致しています。一方表6－1の設計時の1時間当たり輸送量と比べると低くなっています。詳しく見ると上りより下りの方が交通流率がや

表 6-2　捌け時間における停止利用交通量（1 列分）

駅名	分速	上下	時間帯	交通流率（人 / 秒）	換算時間交通量	1 ステップ当たり利用密度
副都心線 新宿三丁目	30m	上り	混雑時	0.603	2,171	0.48
有楽町線 豊洲		上り		0.586	2,110	0.47
丸ノ内線 後楽園		下り		0.623	2,243	0.50
有楽町線 豊洲	40m	上り		0.709	2,552	0.42
副都心線 新宿三丁目	30m	上り	閑散時	0.581	2,092	0.46
有楽町線 豊洲		上り		0.561	2,020	0.45
丸ノ内線 後楽園		下り		0.638	2,297	0.51
有楽町線 豊洲	40m	上り		0.657	2,365	0.39

や多くなります。下りエスカレーターの交通量を扱った既往文献がなく、事例も1つだけなので何ともいえませんが、上りより下りの方が乗りやすい等の心理的な理由があるかもしれません。また分速40ｍの高速エスカレーターは確かに通常の分速30ｍのエスカレーターより交通流率が多くなります。しかし交通流率が分速に比例するとすれば1・33倍になるはずですが、同じ豊洲駅のエスカレーターで比較した場合混雑時は1・21倍、閑散時は1・17倍とそれより低い値です。

　同様な現象は他の文献[1]でも述べられています。図6－10は分速30ｍと40ｍの利用者の前の人とのステップ間隔の相対頻度分布ですが、分速40ｍの方が間隔を空けて乗っていることが分かります。

　この原因は、分速40ｍではステップの移動が速いので乗るタイミングを合わせるのが難しく、前の人とのギャップが開くためと考えられます。従って、高速エスカレーターで交通量を増やすこ

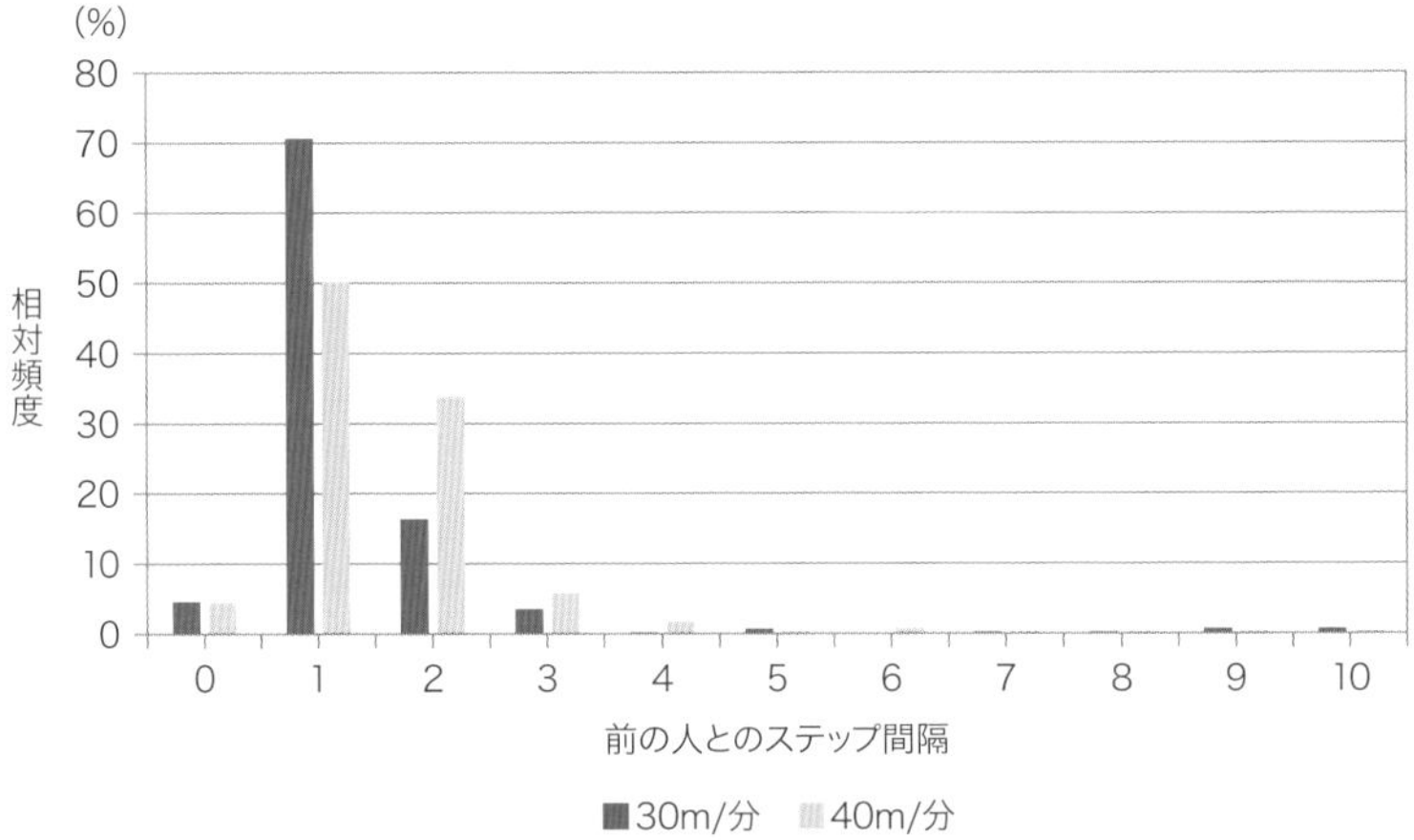

図6-10　分速の違いによるステップ間隔（豊洲駅閑散時上り）
高速エレベーターの方が間隔をあけて乗る傾向があることから、速度が上がれば単純に交通量が多くなっているわけではありません。

とは可能ですが、ステップ間隔が広くなるので分速に比例した交通量とはなっていません。

また高速エスカレーターでは高齢者や障害者は乗り降りでタイミングを合わせることがより困難になることが推測されますので、設置に当たっては安全の配慮が必要になります。

6.4　歩行利用者の交通容量

歩行利用者の交通容量は、エスカレーターの設計や計画では想定されていませんが、考えてみましょう。交通流率の計算は通過した人数を数えればいいのですが、1ステップ当たりの利用密度の計算は停止利用の場合よりやや複雑になります。停止利用者と同様に考えると、分速30mのエスカレーターの乗り口から乗った歩行利用者の先頭は1分経過すると30mプラス1分間歩行した距離にいることになり、乗り口から先頭までにいる人が1分間に歩行で運搬した人数です（図6－11）。その人数を

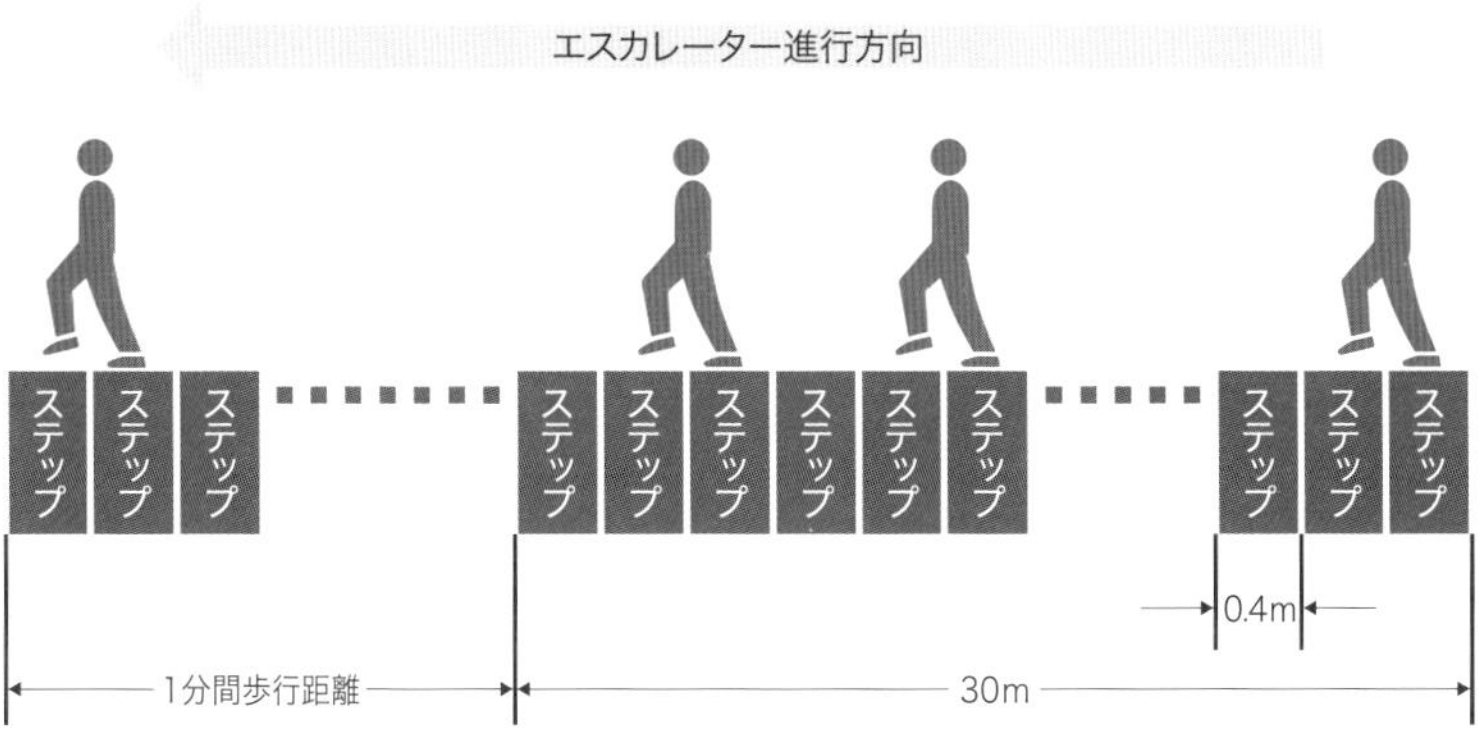

図6-11　歩行した場合の1分間占有ステップ数

これは模式図ですが、歩行者は前の人とぶつからないよう、2段以上の間を空けて利用する傾向があります。

先頭までのステップ数で割ると1ステップ当たりの平均利用人数が出てきます。30mまでのステップ数は30m÷0・4m＝75と計算できますが、1分間に歩行した距離にあるステップ数は歩行速度が分からないと計算できません。

エスカレーター上の歩行速度は一様でありませんが、筆者らが測定したところ、上り下りで若干の差はありますが、エスカレーターとの相対速度の平均はほぼ30m毎分（秒速0・5m）でした（表6－3）。表6－2同様に筆者らが測

表 6-3　エスカレーター上相対歩行速度の例 [3)] から（m/s）

方向	平均値	標準偏差	最大値	最小値	サンプル数
上り	0.53	0.11	0.83	0.18	74
下り	0.64	0.20	1.27	0.20	112
合計	0.60	0.18	1.27	0.18	186

歩行速度は、上りと下りでは若干の差が見られますが、階段の移動速度とほぼ同じくらいになります。

表 6-4　捌け時間における歩行者交通量（1 列分）

駅名	分速	上下	時間帯	交通流率（人／秒）	換算時間交通量	1 ステップ当たり利用密度
副都心線新宿三丁目	30m	上り	混雑時	0.784	2,822	0.31
有楽町線豊洲		上り		0.696	2,505	0.28
丸ノ内線後楽園		下り		0.816	2,938	0.33
有楽町線豊洲	40m	上り		0.923	3,323	0.32
副都心線新宿三丁目	30m	上り	閑散時	0.783	2,819	0.31
有楽町線豊洲		上り		0.749	2,696	0.30
丸ノ内線後楽園		下り		0.800	2,880	0.32
有楽町線豊洲	40m	上り		0.880	3,168	0.30

定した歩行時の交通量を表６－４に示します。なお１ステップ当たり利用密度の計算ではエスカレーターの速度によらず歩行の相対速度は30ｍ毎分と仮定しました。

上り下りでは下りが若干輸送量が高く観測されました。これは下りの方が上りより歩行速度が速いことから生じていると考えられます。１ステップ当たり利用密度から考えますと、歩く場合は約３ステップに１人が乗っている計算になり停止利用より間隔は開きますが、１時間当たりの輸送量は上下とも停止利用より大きくなります（図６－12）。なおここでの交通流率（時間交通量）は切れ目なく人がエスカレーターに到着している時の数字です。

では歩いた方がよいのかというと、第７章に述べる通りエスカレーターの歩行は必ずしも輸送量増加、時間短縮にはつながらないばかりか、安全やバリアフリーの阻害など大きな問題を抱えていて、好ましいものとはいえません。

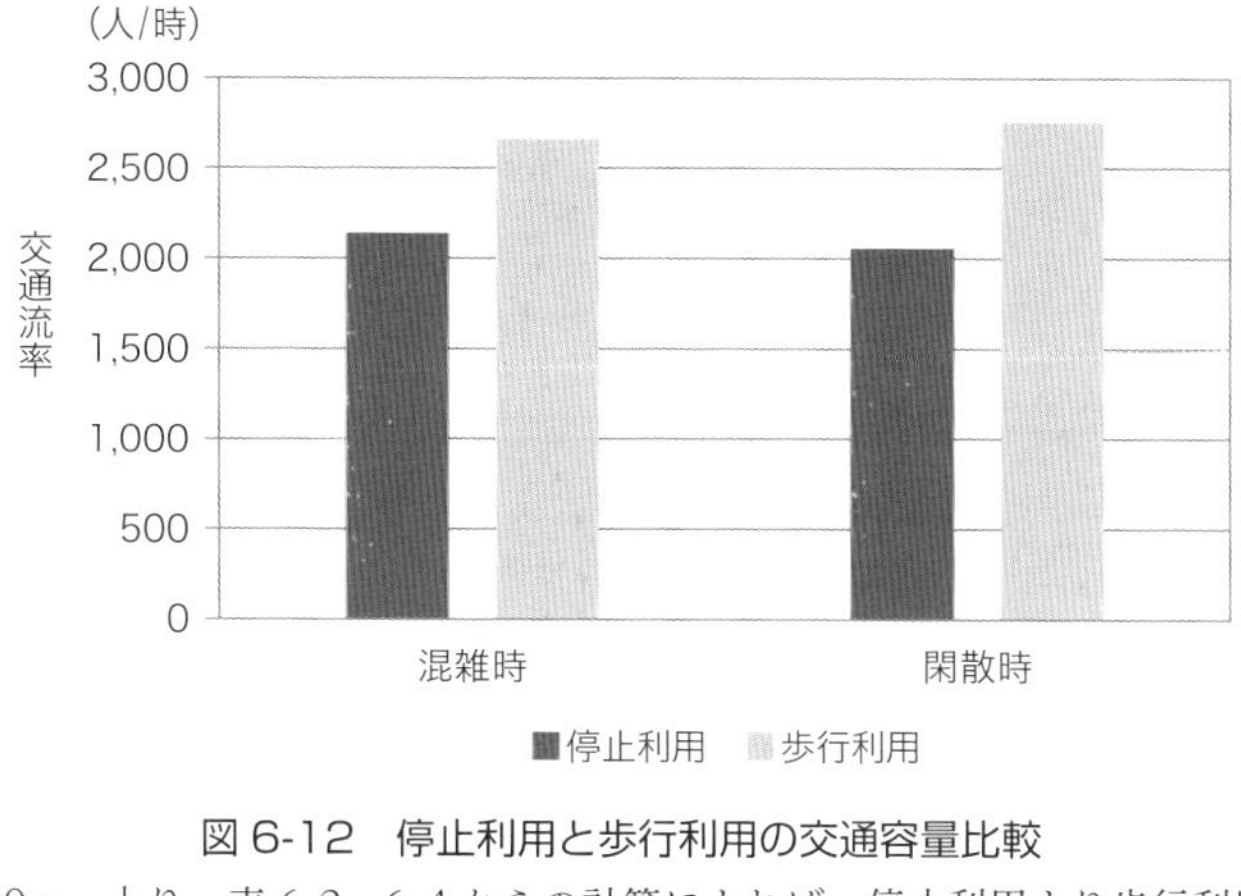

図 6-12　停止利用と歩行利用の交通容量比較

分速 30m、上り。表 6-2、6-4 からの計算によれば、停止利用より歩行利用の方が交通容量は大きくなります。

コーヒーブレーク「エスカレートする」

よく「エスカレートする」という言葉を聞きます。エスカレーターからの派生語で物事が段階を追って拡大・増加・激化すること（広辞苑）を指しており、英語でも escalate という動詞が同様な意味で使われます。エスカレーターが人を乗せて段々と登ってゆく様子に由来するのでしょう。しかし、紛争や議論、競争がエスカレートする等収拾できない方向に向かう事例に使われることが多く、あまりいい意味ではないようです。エスカレーターには上りも下りもありますから、下りエスカレーターだったら縮小・減少・沈静化という解釈もあり得ますが、使用例は見たことがありません。また、「エレベートする」という言葉は、日本語にはありません。英語では動詞で elevate があり、上げる、高める、向上させるなど前向きな意味で使われます。エスカレーターが悪者にされた気がするのは筆者だけでしょうか。

【参考文献】

1）鈴木章悦 他：都市開発による鉄道駅の混雑と施設容量に関する研究、運輸政策研究、Vol.15 No.3, pp.2-9, ２０１２年秋
2）大竹哲士、岸本達也：鉄道駅におけるエスカレータ上の歩行行動に関する研究、都市計画論文集、Vol.52 No.3, pp.263-269, ２０１７年10月
3）元田良孝、宇佐美誠史：エスカレーター内の歩行に関する基礎研究、第38回交通工学研究発表会論文集、pp.221-225、２０１８年８月

7 歩行の実態と効果

7.1 エスカレーターの歩行のはじまりと現状

エスカレーターの歩行の歴史は比較的古いようで、文献[1]によればロンドン地下鉄では100年以上前から利用者は右側に立ち、左側を歩行者に空けるよう指導されてきたといいます。筆者が1960年代の小学生の頃こっそりラジオで聞いた旧ソ連のモスクワ放送で、モスクワでは地下鉄駅が深いのでエスカレーターが長く、片側は歩行者のために空けておくというニュースを聞いた記憶があります。イギリス以外の欧米等でも同様にエスカレーターで歩くことは以前から広く行われてきたと考えられます（写真7−1）。

わが国でエスカレーター内の歩行が行われるきっかけとなったのは1975年の大阪万博の前後で、阪急電鉄梅田駅での呼びかけとされています。[2] それから50年近く経つ現在、関東では右側、関西では左側を歩行者用として空けて乗ることが習慣となっています（写真7−2）。

急がない人は止まり、急ぐ人は歩くという一見合理的に見えるエスカレーターの歩行ですが、トラ

写真 7-1　パリ（左上）、ニューヨーク（右上）、台北（下）のエスカレーター利用
三都市とも、左側を歩行者が利用しています。

写真 7-2　関東（大宮駅、左）と関西（心斎橋駅、右）の利用状況
関東では右を歩行者、関西では左を歩行者のために空けています。

ブルが多く今や鉄道事業者や商業施設では推奨するどころか抑制しようとしています。例えば名古屋市交通局では２００４年から積極的に地下鉄エスカレーターの歩行禁止の広報を行っています（写真７－３）。

ＪＲ系の鉄道ではＪＲ東日本が２０１８年12月に初めて「エスカレーターを止まって乗る」キャンペーンを行いました（写真７－５）。

筆者が２０１８年に中国河北省石家庄市で地下鉄事業者にヒアリングしましたところ、２００８年の北京オリンピックの時に世界の進んだ習慣として中国政府はエスカレーターの片側空けを盛んに奨励しましたが、現在はしていない

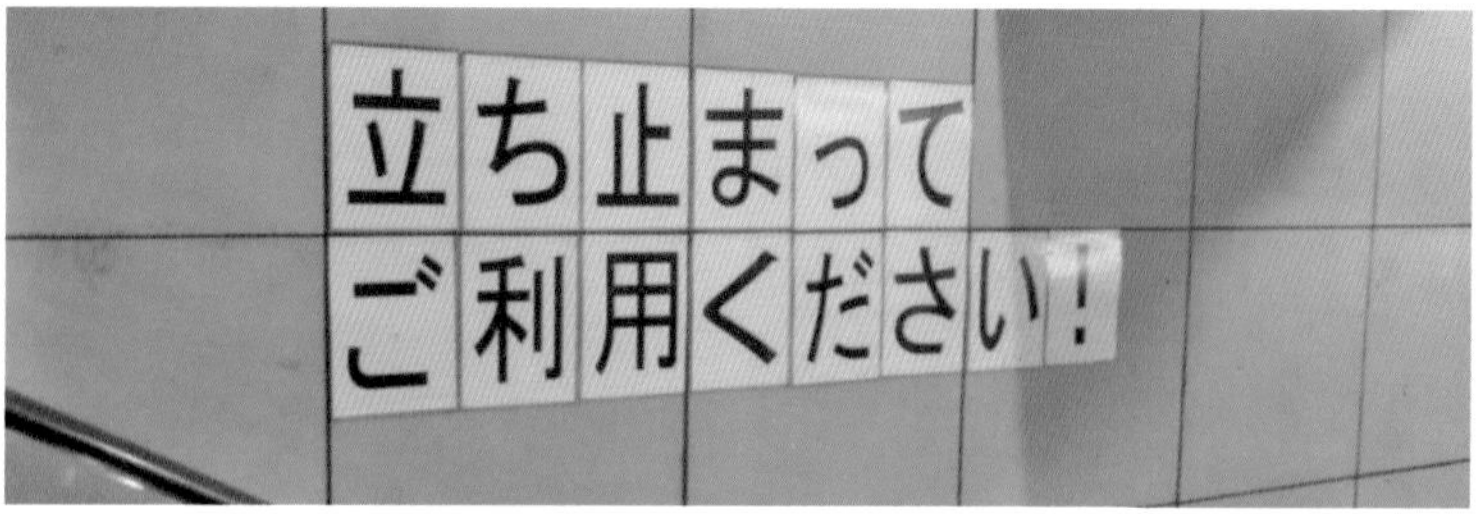

写真 7-3　名古屋市営地下鉄の壁面広報事例
国内でもいち早くから行われた取り組みでした。

写真 7-4　京浜急行の床面広報事例（羽田空港第 1・第 2 ターミナル駅）
4 カ国語での案内がなされています。

といいます。

日本エレベーター協会では２００９年から「みんなで手すりにつかまろう」キャンペーンを実施していて、間接的な表現ですが歩行を抑制しようとしています。また第3章で述べましたが、２０２１年には埼玉県でおそらく世界で初めてと思われるエスカレーター歩行禁止の条例が施行されました。

筆者らが２０１７年から２０２１年までに東京の鉄道駅で調べたエスカレーター全16台で観測した歩行する人の割合（歩行率）の頻度分布を図７－１に示します。０％から96％まで幅広く分布していますが既存文献等[3)]でも幅広い歩行率が報告されています。最小の歩行率０％と最大の96％の事例は１人乗りエスカレーターの混雑時間の観測で得られたもので

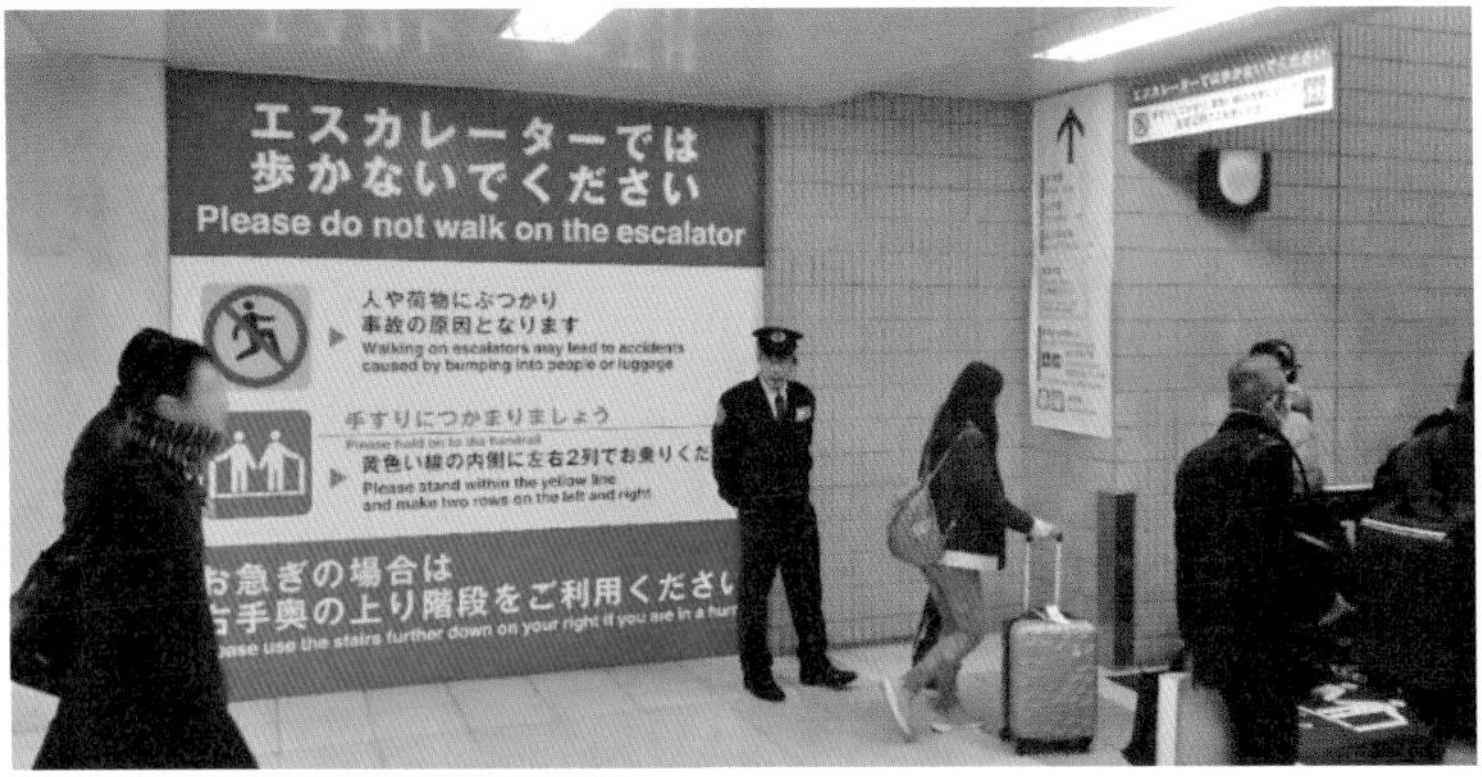

写真 7-5　JR 東日本のキャンペーン（2018 年 12 月　東京駅）

歩かないことのほかに、手すりに掴まろうという案内を同時に行い、安全の啓発に努めています。

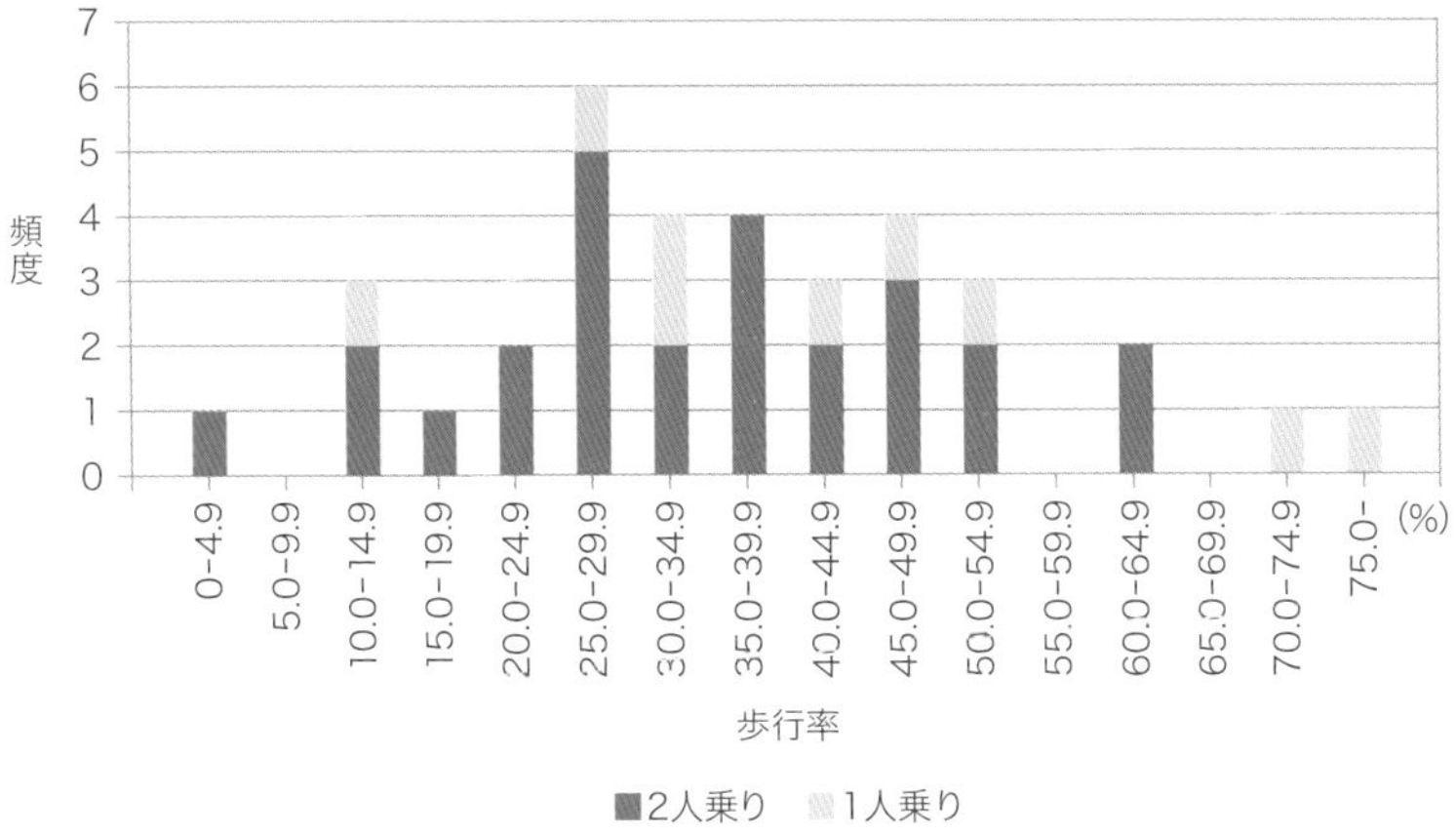

図 7-1　歩行率の頻度分布（筆者らの観測による）

1 人乗りでは、前の人が停止しているか歩行しているかによって、動きに大きな差が表れます。

す。1人乗りでは停止・歩行の空間的な選択ができません。前の人が止まっていると後ろの人は歩くことができず、前後の人が歩いていれば止まっていることができないので特殊なケースといえましょう。ここで調べられたエスカレーターは無作為抽出ではなく、鉄道駅の歩行率を代表するものではありませんが、単純平均で約38％、利用者数で重みづけして平均をとると約42％となります。ですから既存文献も考慮すると、首都圏では鉄道駅エスカレーターの歩行率は平均して40％前後と考えてもよいのではないかと思います。

7.2 歩行の特徴

次に歩行の特徴を詳しく見てみましょう。なお1人乗りのエスカレーターの歩行は周囲の状況に左右され特殊ですので、以下では除外してあります。

上りと下りと混雑時、閑散時の平均歩行率を図7－2に示します。上り下り別では明らかに下りの方が歩行率は高くなります。この理由は下りの方が進行方向に重力で引っ張られるので歩きやすいからと思われます。また朝夕の通勤混雑時とそれ以外の閑散時の歩行率では、混雑時の方が歩行率は高くなります。この理由は、混雑時には利用者は職場の始業時間等に合わせるため急いでいる人が多く混雑で停止利用者の待ち行列が長くなり、それを避けるため空いている歩行空間を利用するので歩行率が高くなるものと考えられます。

年齢や性別などの属性と歩行率の関係について見てみましょう。外観から60歳代以上を高齢者、そ

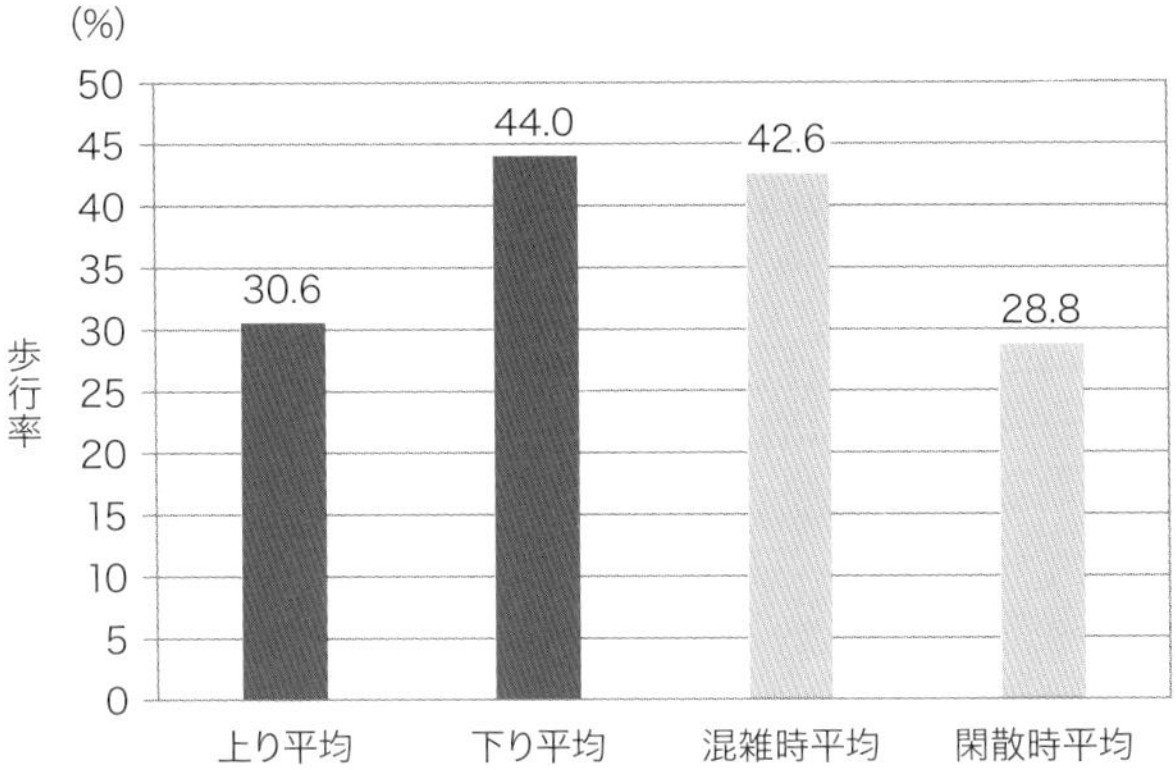

図 7-2　上り下り、混雑時・閑散時別歩行率の比較

下りの歩行率が有意に高いのは、下りの方が歩きやすいからと思われます。

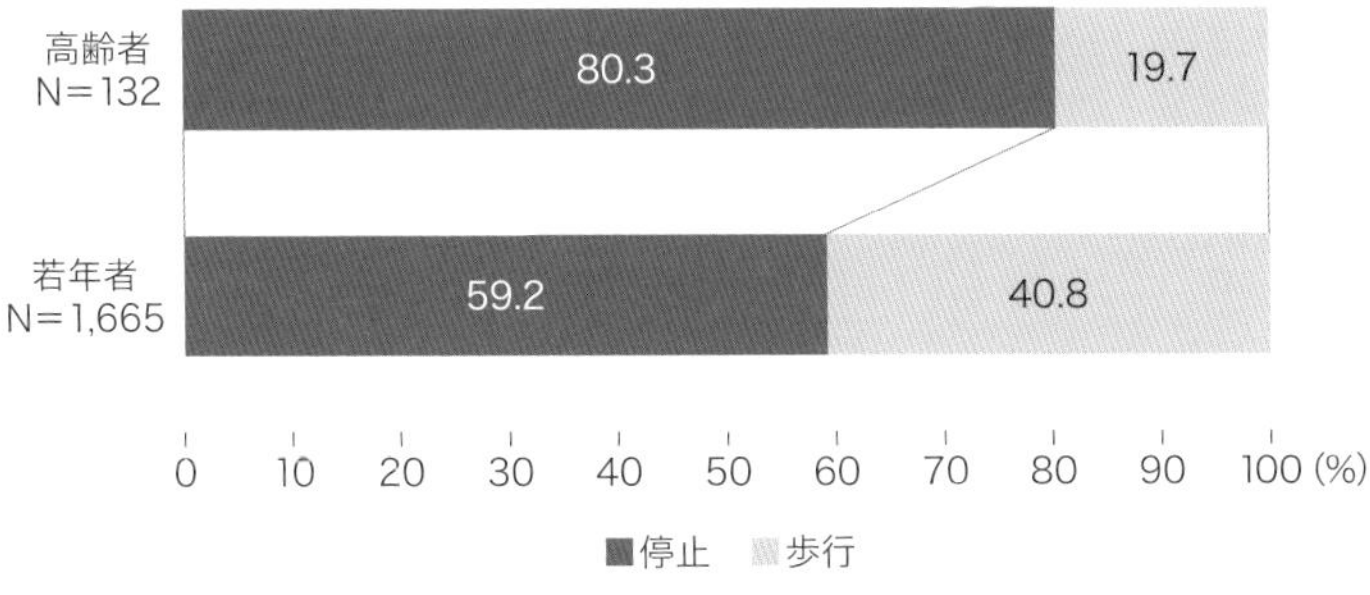

図 7-3　年代別歩行率の比較（国会議事堂前、後楽園、赤坂見附各駅の混雑時平均）

身体能力の差が歩行率に表れていると思われます。

れ以下を若年者として歩行率を調べたのが図7−3です。明らかに高齢者の方が歩行率は低いですが、理由は歩行には身体的な負担が大きいので高齢者は避けているからだと思われます。また第4章でエスカレーターでは高齢者の事故が多いことを示しましたが、不得意なエスカレーター利用でさらに難度の高い歩行を避けていることも推測できます。

図7−4は男女の歩行率を比較したものです。高齢者ほどではありませんがやや女性の方が歩行率が低くなっており、高齢者と同様身体能力の差から歩行を避けていることがうかがえます。

その他に歩行率に大きな影響を与えていた要因はエスカレーター利用中に行うスマホ操作などの「ながら動作」の有無でした。図7−5は「ながら動作」の有無と停止・歩行の割合を示したものですが、ながら動作がある者の歩行率は低いことが分かります。第4章で手すりを掴むかどうかにスマホ操作が影響していると説明しましたが、スマホ操作はエスカレーターの停止・歩行の選択にも大きな影響を与えています。図から明らかなように中には歩きながらスマホ操作をする人もいます。歩き

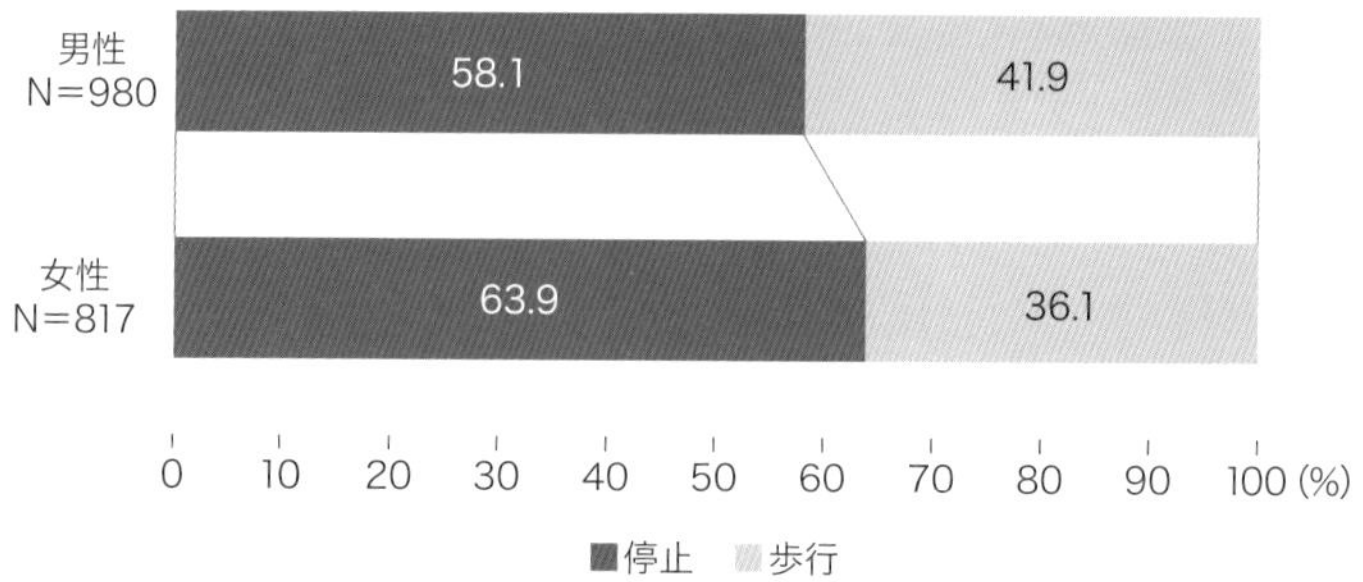

図 7-4　性別による歩行率比較（国会議事堂前、後楽園、赤坂見附各駅の混雑時平均）
男女差においても、身体能力の差が歩行率に表れていると思われます。

ながらのスマホ操作は注意が周囲に届かず他人に迷惑をかけるため問題になっていますが、ましてエスカレーターでの歩行自体が不安定なのにその上にスマホ操作をすることで危険性を重ねていると考えられます（写真7－6）。

エスカレーターでのスマホ操作は歩行を抑制している側面がありますが、手すりを掴んでいない分不安定で、急停止した場合に転倒する恐れもありますので、問題行動には変わりありません。

最後にエスカレーターの高低差による影響について説明します。ロンドン地下鉄の調査[1]によれば、エスカレーターの高低差が10m以上になると歩行する人が減少し始め、30mになると歩

写真 7-6　エスカレーター利用中のスマホ操作
歩きながらのスマホ操作は大変危険性が高い行為です。

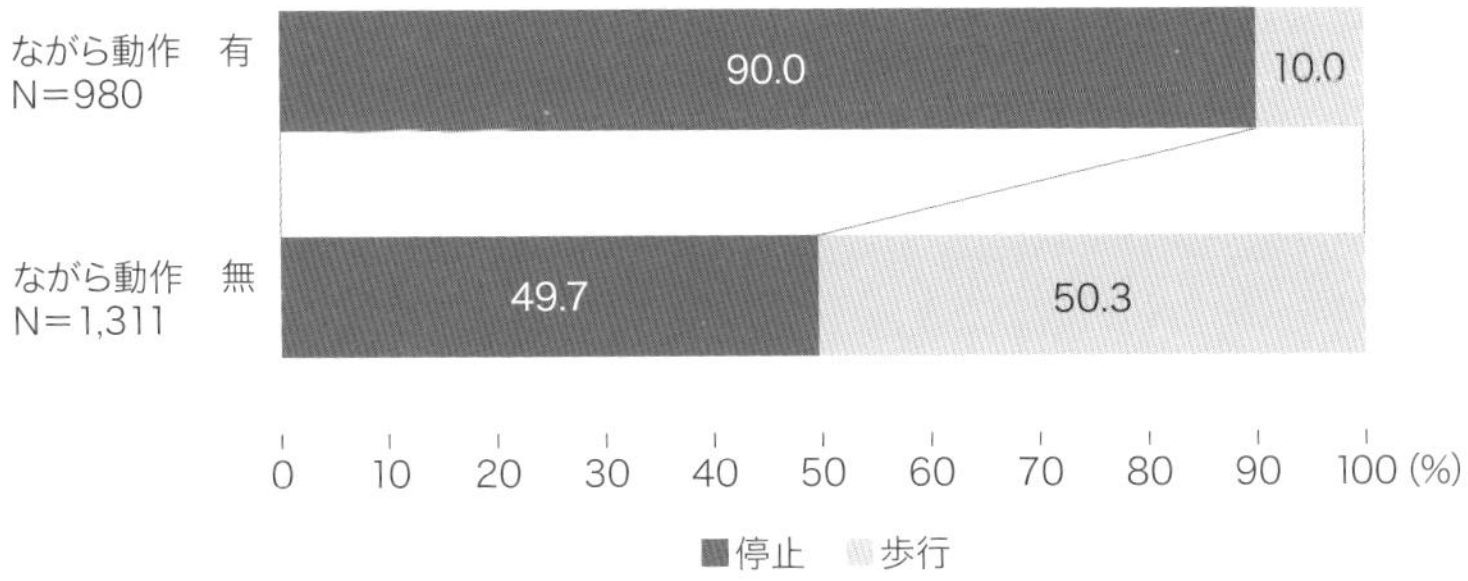

図 7-5　「ながら動作」と歩行選択（国会議事堂前、後楽園、赤坂見附各駅の混雑時平均）
「ながら動作」は歩行選択を抑制しますが、安全性の面からは注意が必要です。

行する人がいなくなるとしています。筆者がこのデータから計算した高低差と歩行率のグラフを図7－6に示します。この調査は詳細が不明ですが、おそらく上りのエスカレーターの観測で得られたものと思われます。混雑時に一度エスカレーターの乗り口で歩行空間を選ぶと、停止利用者の列は人が一杯なので潜り込むことができず、疲れても後ろからくる歩行者の邪魔になるので途中で止まることもできません。ですから最後まで歩き通す自信がなければ歩行の選択ができません。従って長い上りのエスカレーターほど歩き通す負担が大きいので歩行率は下がるという理屈が立てられます。筆者らはこの現象を確かめるべく、5m、9m、20mの高低差のエスカレーターで歩行率を比較しましたが予想に反して変化は少なく、高いエスカレーターほど歩行率が下がるという仮説は検証できませんでした。今後さらに調査する必要はありますが、筆者らの研究では高低差20mまででは明確な差が得られなかったというのが結論です。

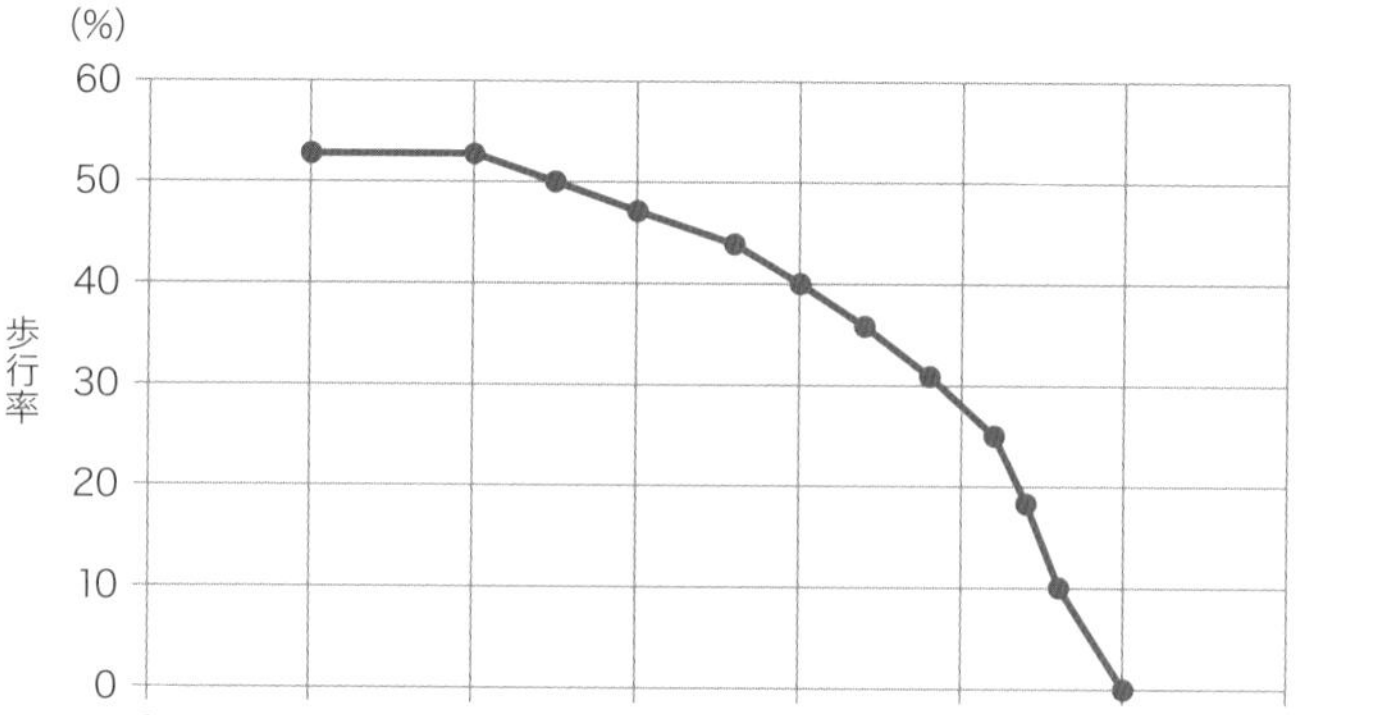

図 7-6　ロンドン地下鉄の高低差と歩行率[1)] より筆者作成
高低差が大きい（距離が長い）ほど、歩行する人が顕著に減っています。

コーヒーブレーク 2列停止利用の自然発生

歩行禁止を呼びかけても、大概の2人乗りエスカレーターでは、片側を歩行者のために空け停止利用者は1列で乗ります。ところが歩行利用者が多くなり、何かの原因で先方で歩けなくなると自然発生的に2列で停止利用の状況が発生することがあります。1人乗りのエスカレーターではしばしば見られる現象ですが、2人乗りのエスカレーターでも利用者が多くなり混雑してくると、まれに2列停止利用が見られることがあります。エスカレーターの歩行がなくなるとこのような状態になるのだろうと想像ができる場面ですが、すぐに解消して元の1列停止、1列歩行状態に戻ってしまいます。

動画④

2列停止利用の状況（下り、左）、通常の利用状態（下り、右）（渋谷マークシティ）

7.3　歩行の輸送効率性

　停止利用と歩行利用とどちらが効率的に利用者を運べるでしょうか。2016年にロンドン地下鉄で行われた社会実験[1]では、片側停止で片側歩行よりも両側停止利用の方が3割輸送量が増えたと報告されています。このロンドンのエスカレーターは高低差24m、延長48mの長大なもので、長い上りのため歩行利用者が少なく歩行側スペースが空く時間が長かったことから、2列停止利用で輸送量の改善が見られました。しかし歩く人がもっと多ければ、結果は逆転していたかもしれません。

　わが国で最も一般的な分速30mのエスカレーターでは、奥行40㎝のステップに1段置きに1人乗ると仮定すると（図7－7）、1時間に運べる人数は30m／分×60分÷（0・4m×2）＝2，250人で1列当たり2，250人運搬できます。全ての段に人が乗れば運搬能力は倍になりますが、ステップの40㎝の奥行は狭く前の人に接触する可能性が高いので混雑時でも1段置きに乗ると考えられ、第6章で述べた通り観測でもほぼ同様の結果が得られています。

図 7-7　停止と歩行の場合の間隔モデル
歩く場合は前の人との間隔を空けます。

一方、歩く場合はどうでしょうか。足をけりだすので、止まっている時よりも前の人との間隔を取らないとぶつかってしまいます。これも第6章で説明した通り観測から得られた結果では歩く場合はおおよそ3段に1人の間隔で（図7－7）、歩く速度もエスカレーターに対し分速30m程度でした。このように仮定し、同様に計算しますと1時間に運べる人数は（30m／分＋30m／分）×60分÷（0・4m×3）＝3，000人で1列当たり3，000人輸送できることになりますが、観測結果もほぼ同様でした。従って歩行の方が停止より輸送能力があることになります。このことから歩行の方が輸送量の面で効率的だといえるかもしれませんが、全ての人が歩行を選択するとは限りません。

そこで歩行率（歩行する人の割合）と輸送量に関して簡単なシミュレーションを試みました。高低差5m、エスカレーター延長が10mで分速30mの標準的な2人乗りエスカレーターに途切れることなく100人の利用者があったと仮定します。この時利用者が最初にエスカレーターを乗り始めた時から最後の利用者が上層階で降りるまでの時間を計ってみましょう。ただしエスカレーターの乗り口と降り口の水平部分の通過時間は無視することにします。

まず停止利用者の総通過所要時間を見てみましょう。停止利用者は歩行する人がいなくとも1列で並ぶこととします。全員が歩行しないで1段置きに止まって利用する場合、すなわち歩行率0％の時は、全員が通過に要する時間は100人×0・4m×2÷30m／分＋10m÷30m／分＝3分（180秒）となります。10m÷30m／分＝0・33分（20秒）は最初の利用者が入り口で乗ってから降り口に到着するまでの時間です。歩行率を上げてゆくと停止利用者は少なくなりますので所要時間は短くなり、1人つまり歩行率99％では1人がエスカレーターを上がる時間は20秒となり、誰も停止利用しない歩行率

100%では当然ながら0分（秒）となります（図7−8）。

次に歩行利用者の総通過所要時間を見てみましょう。歩行率0%の場合は当然0分（秒）ですが、1人では歩いてエスカレーターを通過するのに必要な10m÷60m／分＝0・17分（10秒）になります。さらに歩行利用者が増えれば総所要時間は増えてゆき、歩行者が全員（歩行率100%）では100人×0・4m×3÷60m／分＋10m÷60m／分＝2・17分（130秒）となり停止利用より50秒短縮できます（図7−9）。ここでは停止利用者がいなくても1列で歩行することを仮定しています。実際のホームの交通を観測すると、列車を降りた利用者の最初の集団は急いでいるので、停止利用者のいないエスカレーターを歩いて登って（降りて）ゆきます。この時の歩く位置はバラバラで、きちんと2列になっては歩きません（写真7−7）。停止利用者がいないと歩きやすくなるので若干交通量が増えるとは思いますが歩行2列分の交通量は確保で

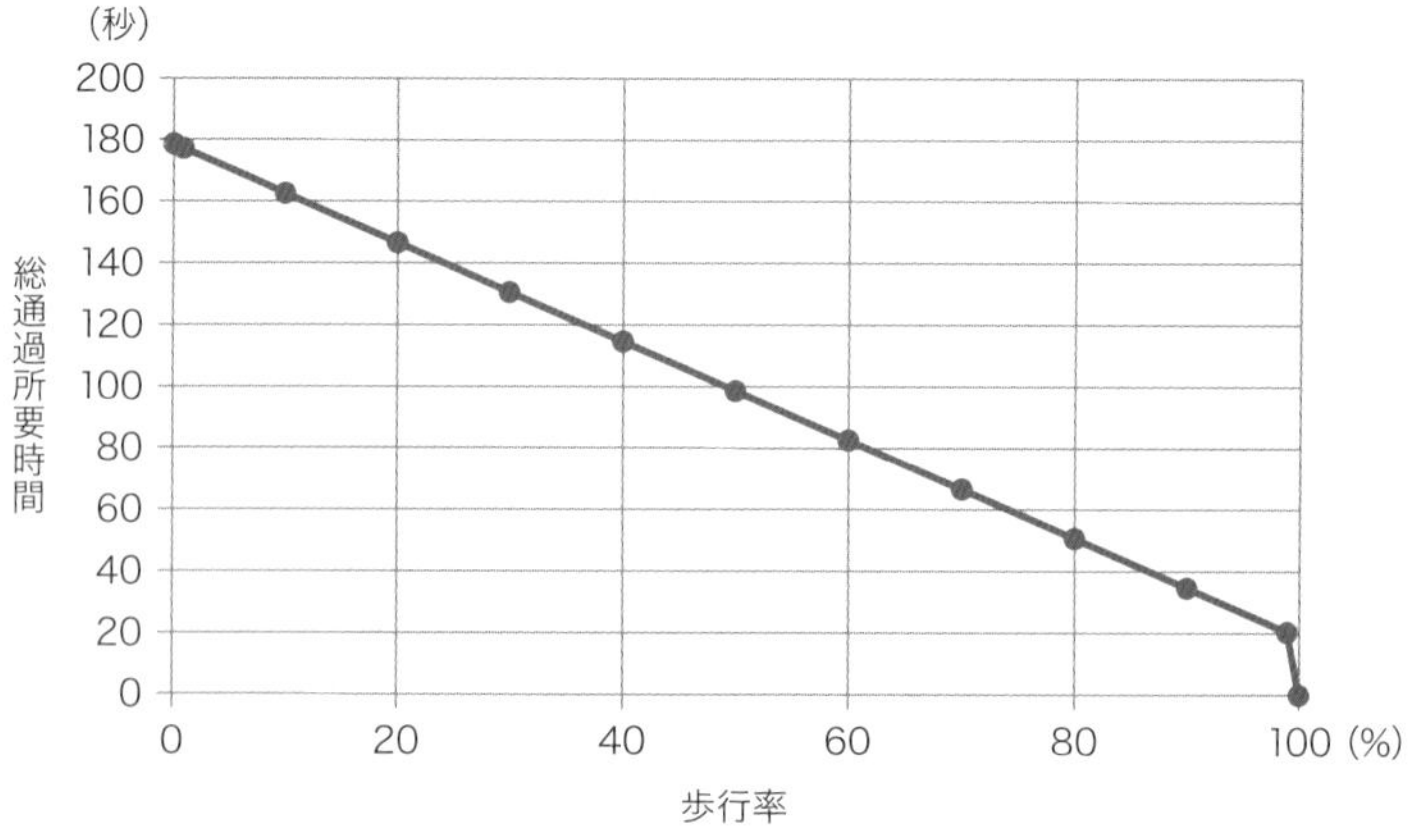

図 7-8　停止利用者の総通過所要時間
歩行する人が増えると停止利用者の通過時間は短くなります。

きません。

もし停止利用者が2列で乗ると、50人ずつ並びますので総通過所要時間は50人×0・4m×2÷30m／分＋10m÷30m／分≒1・7分（100秒）となります。これらを1つの図にしたものを図7－10に示します。

このグラフから、歩行率が60％以下だと歩行者の方が早くエスカレーターを通過できることが分かります。一方歩行率が60％以上になると逆に停止利用の方が早くエスカレーターを通過できることになります。実際観測される歩行率は40％くらいが多いので、やはり歩いた方が早く通過できるといえるでしょう。

写真 7-7　降車先頭集団の歩行形態の例

最初の集団の速度と位置はバラバラです。

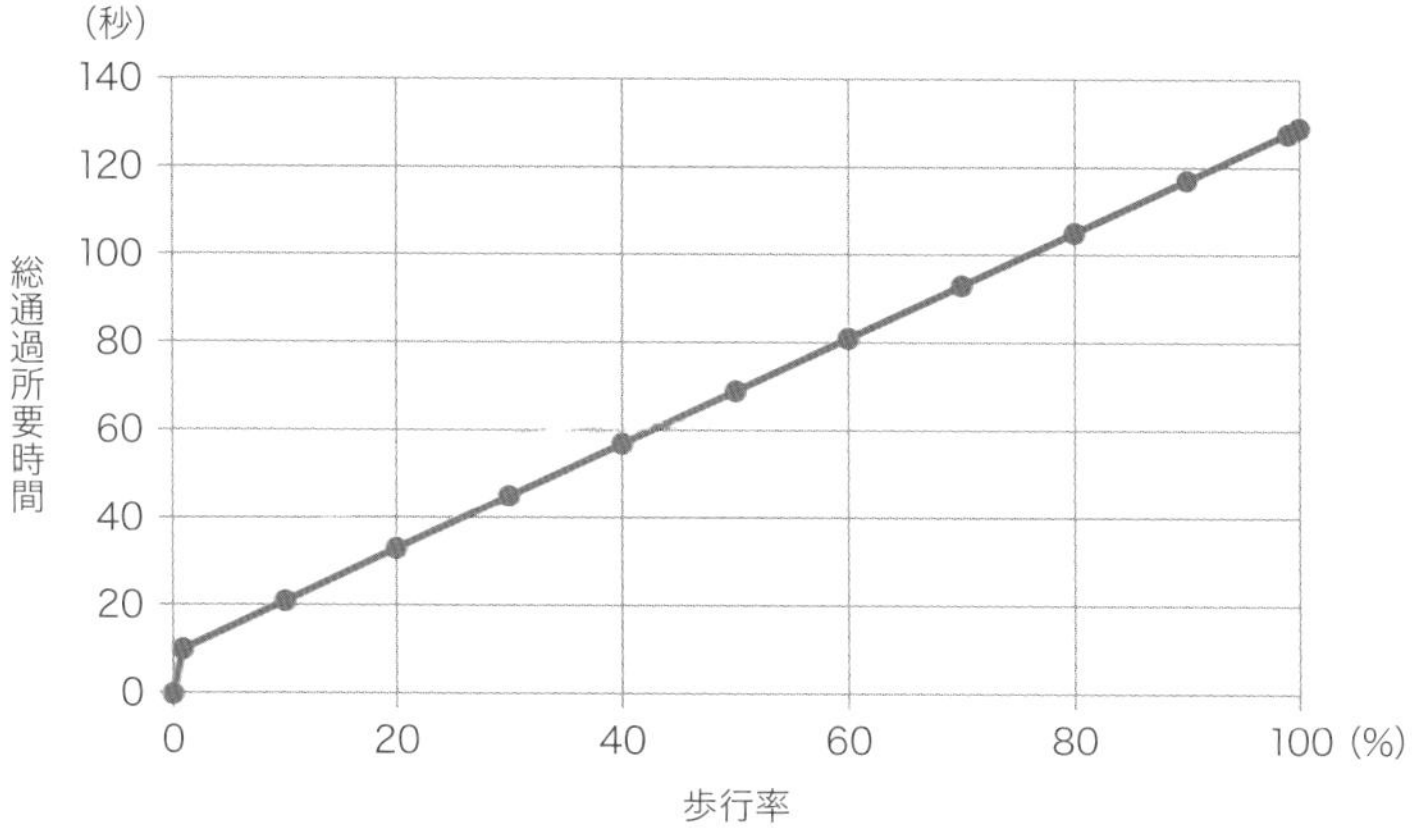

図 7-9　歩行利用者の総通過所要時間

停止利用者がいなくても1列で利用する場合の計算で、停止利用より50秒短縮できます。

停止利用者、歩行利用者を合わせた全体の総通過所要時間は、どちらか大きい方の数値です。歩行率60％までは停止利用者の、60％以上では歩行利用者の総通過所要時間となります。２列停止利用では、歩行率が50～75％の範囲を除いて総通過所要時間に優れています。

要約しますと、歩行する者が少ない時には歩行は時間短縮になりますが、多くなりすぎると時間短縮メリットがなくなります。しかし７・１で述べましたように歩行率は40％程度と仮定しますと通常では歩いた方が早いという結論になります。

一方鉄道事業者が関心のある、ホームに滞留する人が解消するまでの「捌け時間」で考えると状況は変わってきます。捌け時間は停止利用者、歩行利用者のいずれかの大きい時間で決まってきますので、歩行率60％以下では停止利用者の通過時間、60％以上では歩行利用者の通

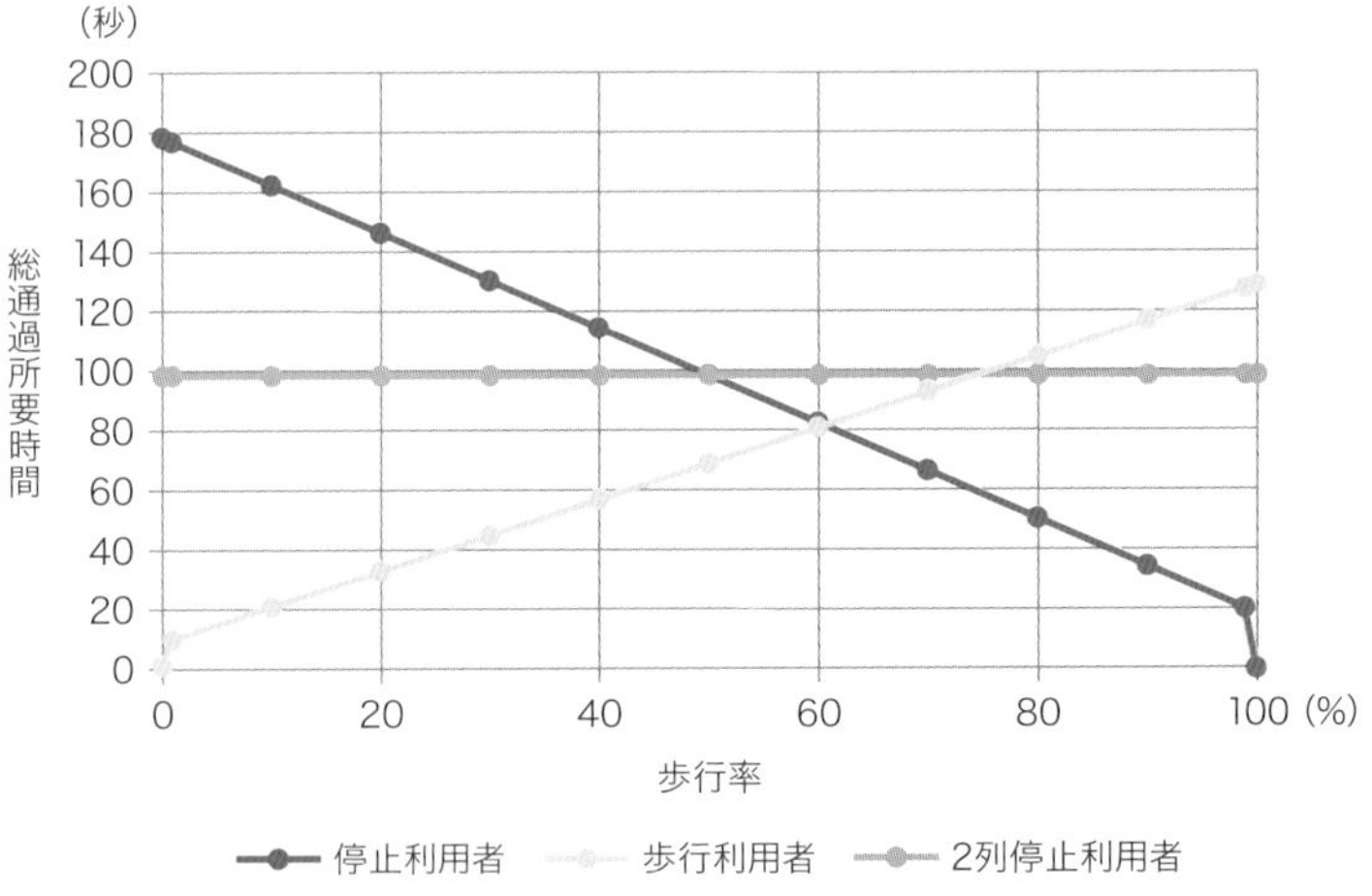

図 7-10　停止利用者、歩行利用者、２列停止利用者の総通過所要時間

歩行率が 60％以下だと歩行者の方が早くエスカレーターを通過できることが分かります。一方歩行率が 60％以上になると逆に停止利用の方が早くエスカレーターを通過できることになります。

過時間となります。歩行する者を禁止してロンドンの社会実験のように2列停止利用とした場合の捌け時間は100秒です。従って実現頻度が高いと考えられる歩行率50％以下では2列停止利用の方が捌け時間は短くて済みます。つまり、個人ベースで考えると通常の歩行率では歩行した人の方が早くエスカレーターを通過できますが、施設管理者から見れば2列停止利用をしてもらった方が捌け時間が短く効率的にホームから利用客を捌けることになります。このように個々の利用者と鉄道事業者の評価軸が違うため、立場の違いにより歩行の是非は真逆の結論が導き出せることになり、問題はより複雑になってきます。

7.4　歩行問題をめぐる議論

歩行問題のひとつは、ハード的にはエスカレーターが歩行するようには設計されていないことです。エスカレーターの仕様は止まって乗ることが前提で、歩く場合の基準は用意されていません。形態的に近い階段で見てみると、公共交通機関のバリアフリー整備ガイドラインでは、幅120㎝以上、蹴上16㎝以下、ステップの奥行30㎝以上、踊り場3ｍ以内ごととなっています。エスカレーターの幅は2人乗りが100㎝、蹴上は約20㎝、踏面（ステップの奥行）は40㎝で、踏面は階段の条件を満足していますが幅は不足し、蹴上は基準より高く、踊り場はありません。つまり階段としての要件すら満たしていないので、鉄道事業者や商業施設は間違ってもエスカレーターで「歩いてもいいです」とはいえないのです。

写真 7-8　注意喚起表示の例

壁面やエスカレーターの欄干等、注意喚起表示は様々なところに掲示されています。

その他のハード的な問題は、歩くことによる振動や衝撃がエスカレーターの機器に与える影響や、ステップの左右で荷重が偏ることによる階段チェーン(ステップチェーン)への影響などの安全面が考えられますが、こちらの方は現在のところ大きな問題は報告されていません。

一方、ソフト的にはエスカレーターの歩行には効率性と快適性・安全性の問題があります。効率性の問題は7・3で説明しました。快適性・安全性は事故の危険性と停止して乗っている人の不快感、障害者や高齢者へのバリアフリーの問題があります。やや古いデータですが、2004年内の4カ月間に東京消防庁管内で発生したエスカレーター関連事故313件のうち歩行が原因だったものは14%です。[4] 東京駅一駅だけでも1日50万人近くの人が利用している割には少ない事故件数で、これをもって安全であると歩行の正当性を主張する人もいます。しかし日本エレベーター協会のアンケート調査[5]によれば、人やカバンがぶつかり危険を感じたことのある者は半数を超えており、快適性に悪影響を与えています。

さらに筆者らが最も問題と考えるのはバリアフリーの問題です。関東では停止して利用する人は左側に、関西では右側に乗らなければなりません。しかし障害者や高齢者の中には左側あるいは右側にしか乗れない人がいます。何らかの理由で右手、あるいは左手が使えない場合、エスカレーターの歩行のための右空け、左空けはこうした人々の移動の自由を奪っているといえましょう。歩行を正当化したい人の中には、体が不自由な人はエレベーターを利用すればよいという意見もあります。しかしエレベーターは数が少なく遠くて不便な場所に設置されていることが多い上、車いすやベビーカー等エレベーターでなければ移動できない本来の利用者が混雑で利用しにくくなり、適切な意見とはいえないでしょう。

エスカレーターの歩行については賛否両論があって、時々思い出したようにマスコミの話題となります。2021年に埼玉県の条例でエスカレーターの歩行を禁止したことは第3章で説明しました。条例がどのような効果を生むのか、全国への波及はどうなるかは注目すべきですが、現在のところ方向性はまだ混とんとしているように見えます。国の規制はエスカレーターの機器の仕様規定に留まっていて、エスカレーターの歩行に関心は持っているものの規制までは考えていないようです。鉄道事業者は、「止まって乗ってください」と呼びかけることはしていますが、ホームから早く旅客を捌きたいことと利用客からの反発を恐れ禁止までは踏み切れないでいます。その他の動きとして、アナウンスで歩行を抑制したりステップや手すりに歩行禁止の表示をする等の試みは行われています（写真7－9、7－10、7－11）。

筆者らは何度か学会でエスカレーターの歩行について議論したことがありますが、歩行を支持する

写真 7-9　ステップの表示の例（目黒アトレ）

1段置きに足跡を表示、また、右側に歩行禁止のマークを加えることで、望ましい使い方を示しています。

人は歩行が「権利」と考えていることが分かりました。「意に反して歩行させないのはおかしい」と主張する人もいます。果たして歩行は権利なのでしょうか。このように歩行する人と止まって乗りたい人の意見の隔たりは大きいといえます。本当に歩行を禁止するなら罰則付きの法律で規制するしかないでしょう。今後どのようにして両者が納得するルール作りをしてゆくかが大きな課題です。

ひとつのヒントとして筆者らの知人の言葉を紹介しておきます。彼は交通の研究者で足に障害があり、杖をついて歩いています。よく欧米に出張しますが、「海外でもエスカレーターで歩く人がいるが、自分が障害のため歩く側に立っていても誰も文句を言わない」といいます。エスカレーターの歩行を直ちに禁止するのは難しいと思いますが、その前にまずバリアフリーの観点から障害者・高齢者を優先したルール作

写真 7-10　手すりの表示の例（JR 東日本）

目立つ危険表示やピクトグラムでの注意喚起以外に、かわいらしいラッピングで注目を得られるような工夫もされています。

写真 7-11　エスカレーター本体の表示の例（福岡市地下鉄（左）、JR 川崎駅（右））

安全な使い方として、手すりにつかまるよう注意喚起されています。

りをすべきではないでしょうか。もっとも施設管理者は歩行を前提としたルール設定には消極的にならざるを得ないので、利用者自らが作り出さなければならないルールです。

コーヒーブレーク　ベビーカーとエスカレーター

　お子さんが小さい時はベビーカーを利用されているご両親は多いと思います。ベビーカーの利用は大都市の鉄道駅では利用者全体の1～2％で、車いす利用者の20～30倍と推定（2014年国土交通省調査）されています。ではベビーカーはエスカレーターに乗れるのでしょうか。実は、大変危険なのでほとんどの施設で禁止されています。車いす同様、転落をすると大きな事故になるからです。ベビーカーは子供を抱いて折り畳んで乗るか、エレベーターに乗るかしなければなりません。しかし研究のためエスカレーターの交通を観測した際、少なからずエスカレーターを利用するベビーカーを見たことがあります。エレベーターのない駅も依然として多いですし、エレベーターがあっても遠回りで不便です。施設が整備されるまでは、周囲の方々の支援が欲しいですね。

エスカレーターでのベビーカーの利用

事故の危険はありますが、ベビーカーが利用されていることは多くあります。エレベーターの設置が望まれるところです。

【参考文献】

1）Celia Harrison *et al.* : Pilot for Standing on Both Sides of Escalators, 6th Symposium on Lift & Technologies, pp.111-120, 2016

2）斗鬼正一：エスカレーター片側空けという異文化と日本人のアイデンティティ、江戸川大学紀要、25巻、pp.35-50, ２０１５年３月

3）大竹哲士、岸本達也：鉄道駅におけるエスカレータ上の歩行行動に関する研究、都市計画論文集、Vol.52 No.3, pp.263-269, ２０１７年10月

4）東京消防庁　エスカレーターに係る事故防止対策検討委員会：エスカレーターに係る事故防止対策について－報告書－、２００５年３月

5）一般社団法人日本エレベーター協会：エレベーターの日「安全利用キャンペーン」アンケートの集計結果について（２０２０年度）、２０２１年３月26日

8 1人乗りエスカレーター

8.1 1人乗りエスカレーターとは

通常私たちが見るエスカレーターは大人が2人並んで乗れる2人乗りが大半ですが、エスカレーターが発明された20世紀初め頃の絵や写真を見ると、元々は1列で乗るように設計されていたようです。1914年に商業施設では日本で初めて設置された三越呉服店のエスカレーターは1人乗りでした（第1章参照）。現在日本で使用されているエスカレーターの踏段幅（ステップ幅）は1，000㎜、800㎜、600㎜の3種類です。1，000㎜は大人2人が並んで利用できますが、600㎜は1人乗りです。その中間の800㎜はゆったりした1人乗りで、子供や荷物と並んで利用できる幅です（図8－1）。

日本エレベーター協会の統計によりますと、新規設置台数、保守台数とも2人乗り（1，000㎜幅）エスカレーターが最も多いですが、800㎜幅、600㎜幅の1人乗りエスカレーター数は2人乗りエスカレーターの約3分の1で、意外と多く利用されていることが分かります（表8－1、写真

8－1、8－2、8－3）。

構造上は１人乗りも２人乗りも幅が違うだけで、１人乗りエスカレーターが設置されるのは交通量が少ないか、設置するスペースが限られている場合です。利用者にとっては掴まれる手すりが両側にあり、安定が良い利点もあります。中には歩行スペースがなくなるのでエスカレーターの歩

写真 8-1　１人乗りエスカレーターの商業施設での設置例（千葉市内）

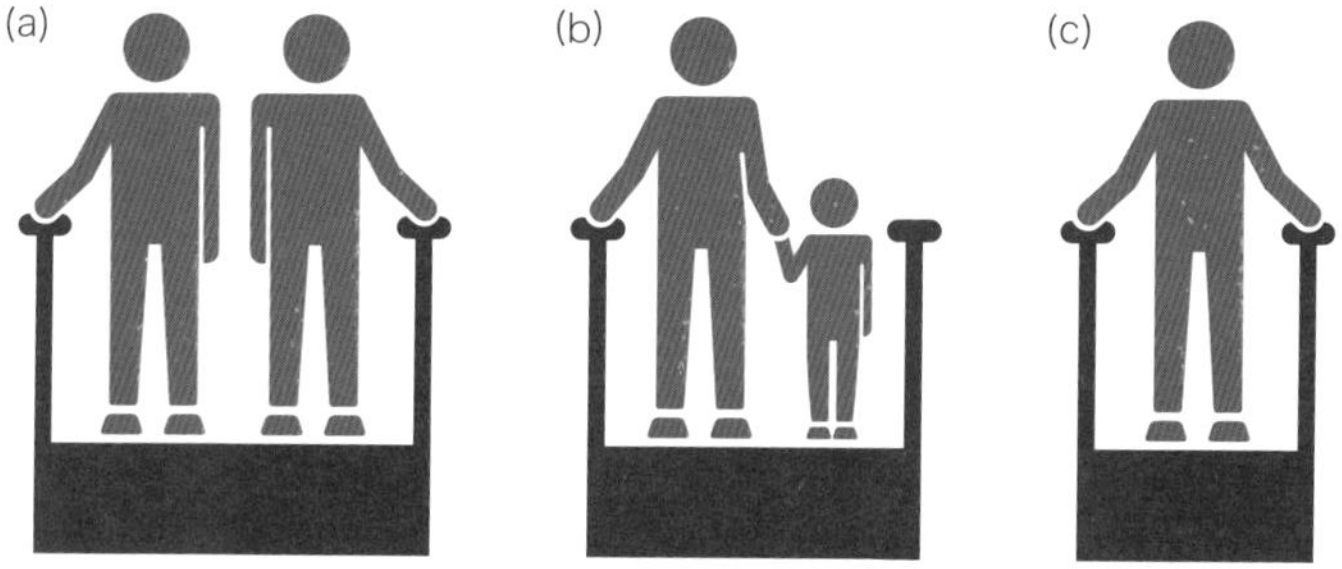

図 8-1　ステップ幅ごとの利用イメージ
（a）1,000㎜、（b）800㎜、（c）600㎜の利用イメージ

表 8-1　国内エスカレーターの設置数（2021 年度、日本エレベーター協会による）

	１人乗り	２人乗り	合計
新規設置台数	340	569	909
保守台数	18,670	51,271	69,941

行者が減ると好意的に考える人もいます。しかし2人乗りのエスカレーターと1人乗りでは利用方法が以下に述べるように大きく異なり、問題も少なくありません。

写真 8-2　1 人乗りエスカレーターが 3 列配置された例（東京駅）

写真 8-3　2 人乗りエスカレーターの中央に 1 人乗りが配置された例（新橋駅）

8.2 1人乗りエスカレーターの利用状況と問題

2人乗りのエスカレーターはこれまでお話ししてきましたように、良いか悪いかは別にして歩行する人もいてステップの右側と左側で使われ方が違います。法律で決められているわけではありませんが、関東では進行方向に向かって左側は停止利用、右側は歩行利用、関西ではその逆という習慣がほぼ定着しています。つまり利用者にとっては停止と歩行が自由に選択できる状況にあります。ところが1人乗りは空間的に停止と歩行の選択ができません。前に乗った人が止まっていれば後ろの人は歩くことができません。かといって止まって乗っていても後ろから歩いて来た人の気配を感じたら、トラブルを避けるため、歩かなければならない無言の圧力がかかってきます。歩きたい人にとっては前の人が止まっているとイライラするし、停止して乗りたい人も後ろから歩いて来る人が気になって落ち着いて乗っていられません。このようにエスカレーターに歩行習慣がある限り1人乗りのエスカレーターは中途半端で快適とはいえない移動施設なのです。

1人乗りと2人乗りのエスカレーターでの歩行する人の割合（歩行率）を比べてみましょう。図8－2は筆者らが調べた5m程度の同じ高低差の鉄道駅の1人乗りと2人乗りの上りエスカレーターの朝夕の通勤・通学客の多い混雑時の歩行率を比較したものです。この図で明らかなように1人乗りエスカレーターの方が2倍以上歩行率が高くなっています。図に示した70％はまさに異質といえましょう。1人乗りのエスカレーターでは大半の利用者が歩いていることになります。この理由は1人乗りの場合利用者が自らの意志で停止・歩行を選んでいるのではなく、周囲の行動に同調せざるを得ない

写真 8-4　1 人乗り（左）と 2 人乗り（右）エスカレーターの乗り方

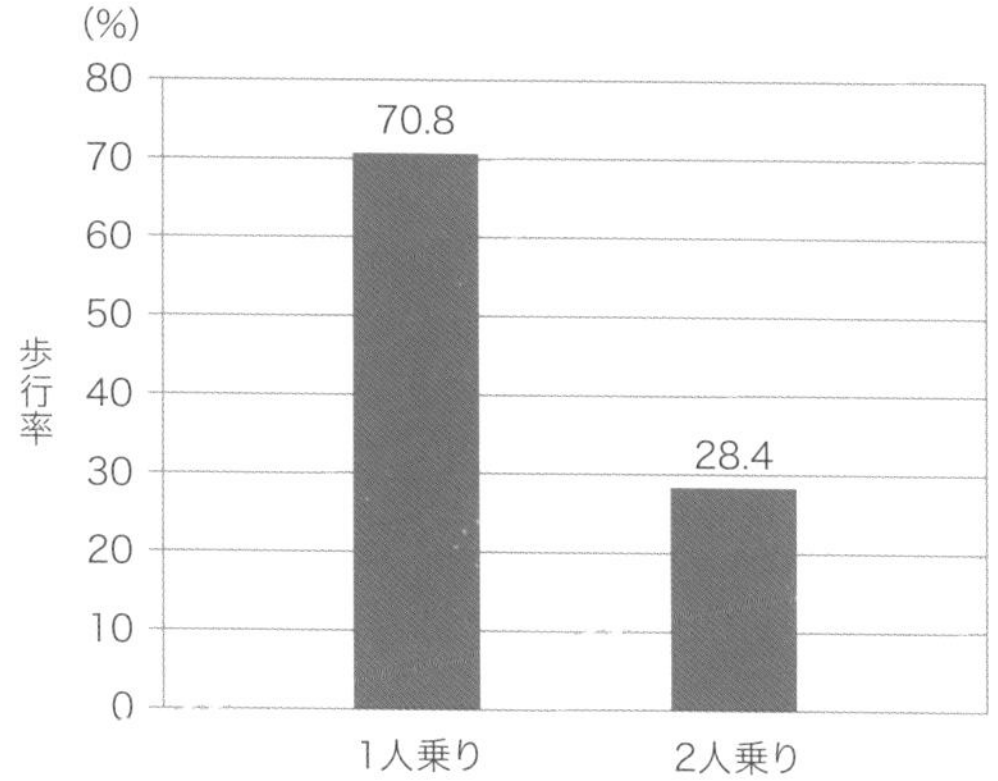

図 8-2　混雑時の 1 人乗りと 2 人乗り上りエスカレーターの
歩行率比較（都内鉄道駅、筆者らの観測による）
1 人乗りエスカレーターの歩行率は、前後の人の動きに依存します。

からです。止まって乗りたいと思っていても、前後の人のどちらかが歩いていると、歩かざるを得なくなります。

1人乗りと2人乗りのエスカレーターで第6章に説明した交通流率を比べてみましょう。繰り返しで恐縮ですが交通流率とは交通の流れの強さを表し、時間当たりどれだけ人が移動しているかを表しています。図8－3が上りの2人乗りと1人乗りエスカレーターの交通流率を比較したものです。これで見ると、大きな違いはないように見えますが停止利用では1人乗りの方が多く、逆に歩行利用では2人乗りの方が多いことに気が付きます。停止利用に関して1人乗りは1ステップ当たりの利用密度が上がっていることで、前の人と間隔を空けずに詰めて乗っている人が多くなっています。この原因としては、前の人が止まっていて歩けなくても後ろから来る人の目に見えない精神的な圧力により、なるべく詰めて乗ろうとしてい

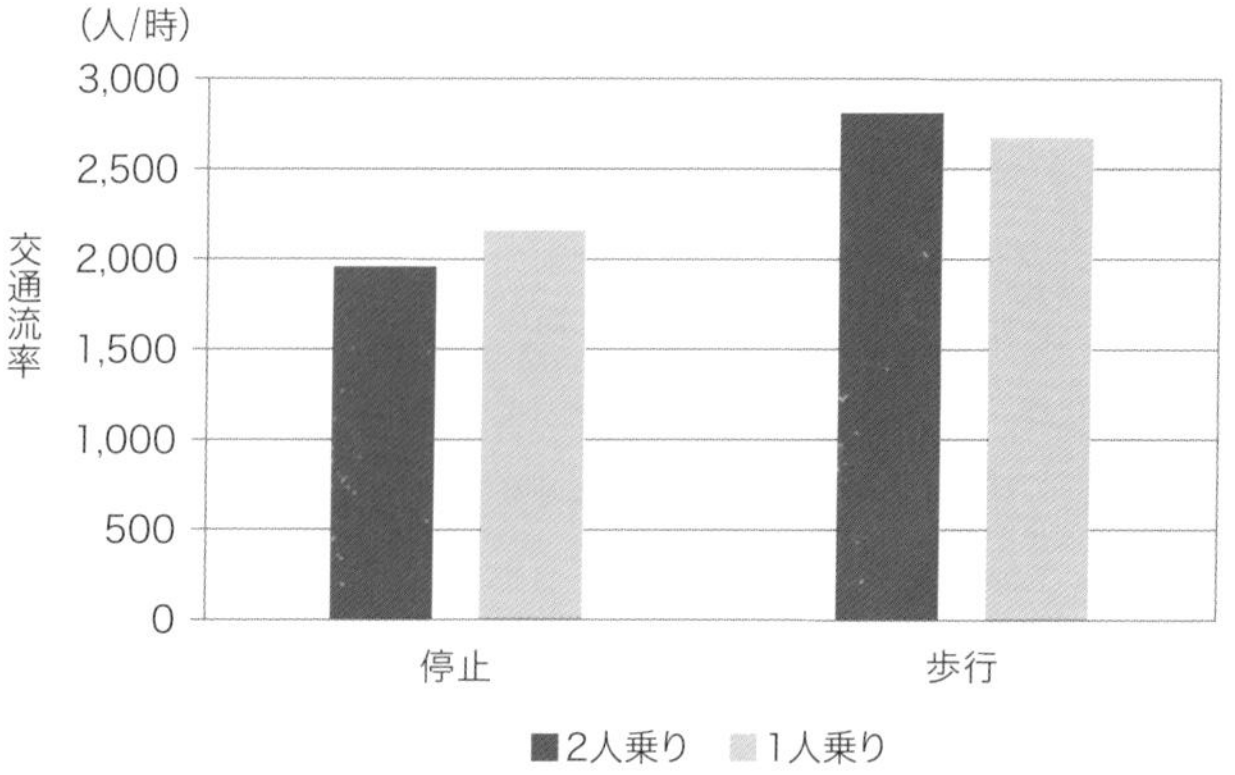

図 8-3　上り 1 人乗りと 2 人乗りの停止・歩行別交通流率
（都内鉄道駅、筆者らの調査による）
1 人乗り停止利用の交通流率が高いのは、1 人乗りの利用者の方がステップを詰めて乗っているためです。

るからと考えられます。

図8－4は筆者らの調査で、エスカレーターで前の人とどれくらいステップを空けて乗るかの割合を示したものです。1人乗りと2人乗りを比較すると、両方とも最も頻度が高いのは前の人と1ステップ空けて乗る人です。しかし2人乗りではほぼ0%である0ステップ置き（前の人のすぐ次のステップに乗る）が1人乗りでは20%もあり、1人乗りでは意図的に詰めて乗っている人が多いことが明らかです。ステップの奥行は40㎝しかないので荷物を持っていたり体格の大きい人だったりすると、前後にはみ出して他の利用者と接触してしまうため、快適な乗り方とは思えませんが、詰めて乗るのは背後からの圧力や歩行したいのにできない人の代償行動と思われます。

1人乗りで歩行利用者の交通流率が2人乗りより少ないのは本来歩行を選択しない、エスカレーター上の歩行が不得意な者も周りの状況でやむを

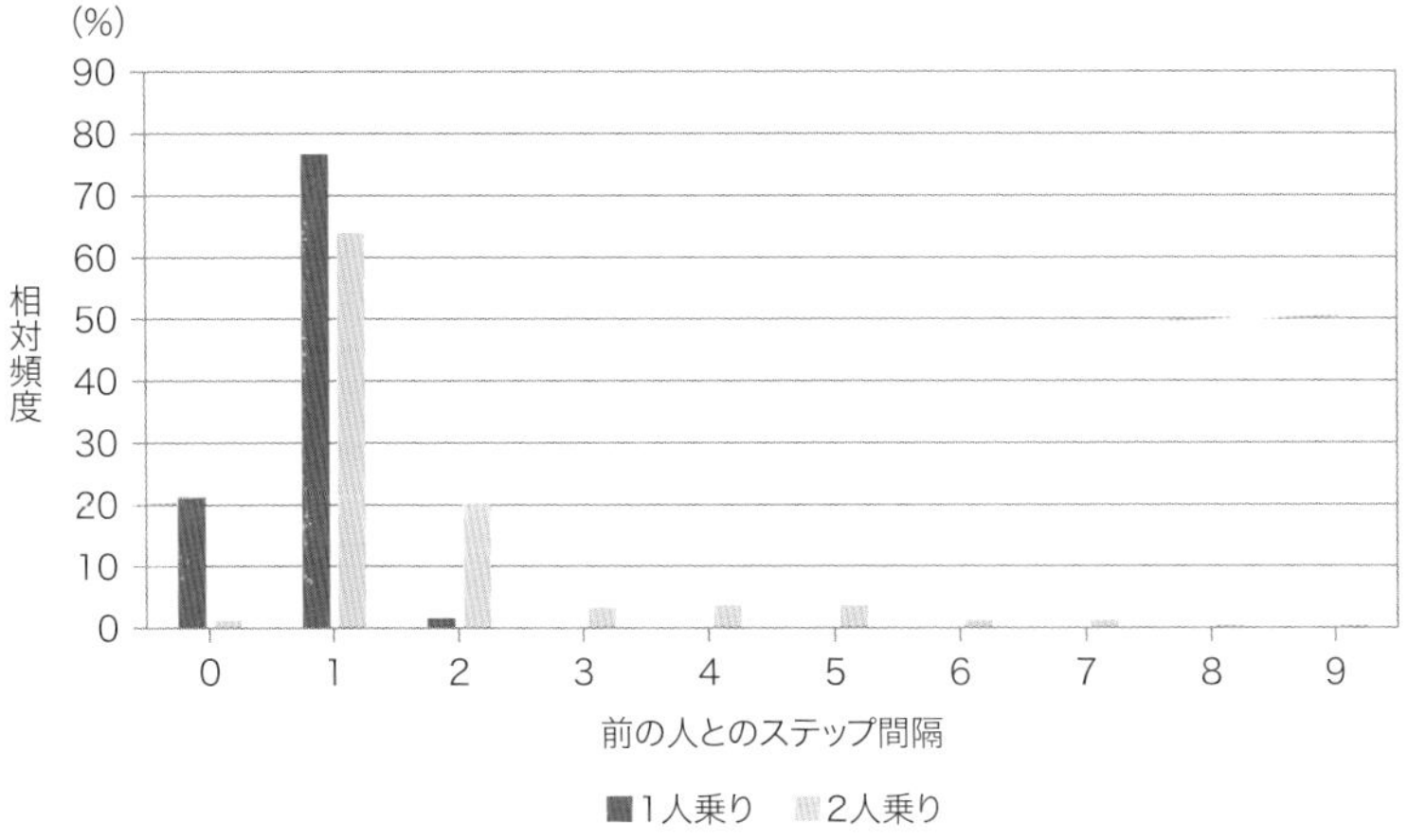

図 8-4　1人乗りと2人乗りの停止利用者の前の人とのステップ数頻度分布
（都内鉄道駅、筆者らの調査による）

1人乗りで前の人が停止していると後ろの人が歩けないため、急ぎたい人の圧力を感じ、詰めて乗る傾向があると思われます。

得ず歩かされているからと考えられます（図８－３）。１人乗りのエスカレーターを観測しますと、小さな子供連れの母親が周りの人に遠慮して子供にも歩行を促していたり、大きなキャリーバッグを携行している人がバッグを持ち上げて歩いていたりする姿を見かけます。小さな子供や足の悪い高齢者にとってエスカレーターの歩行は危険が伴い、キャリーバッグを持ち上げて狭い空間を歩くことは荷物転落や転倒の危険性もあり、好ましくありません。これらの、本来歩行が不得意な人や適切でない人が無理やり歩行させられることにより交通流率を下げていると考えられます。

図８－５は１人乗りと２人乗りエスカレーターの高齢者の停止利用、歩行利用の率を示したものです。２人乗りでは歩行する高齢者は約７％と低いですが、１人乗りでは約70％と10倍にもなっており、全年齢利用者の歩行率とほぼ同じです。身体能力の点などで通常では歩行しない高齢者も、１人乗りでは周囲に同調して歩いていることになります（写真８－５、動画⑤、⑥）。

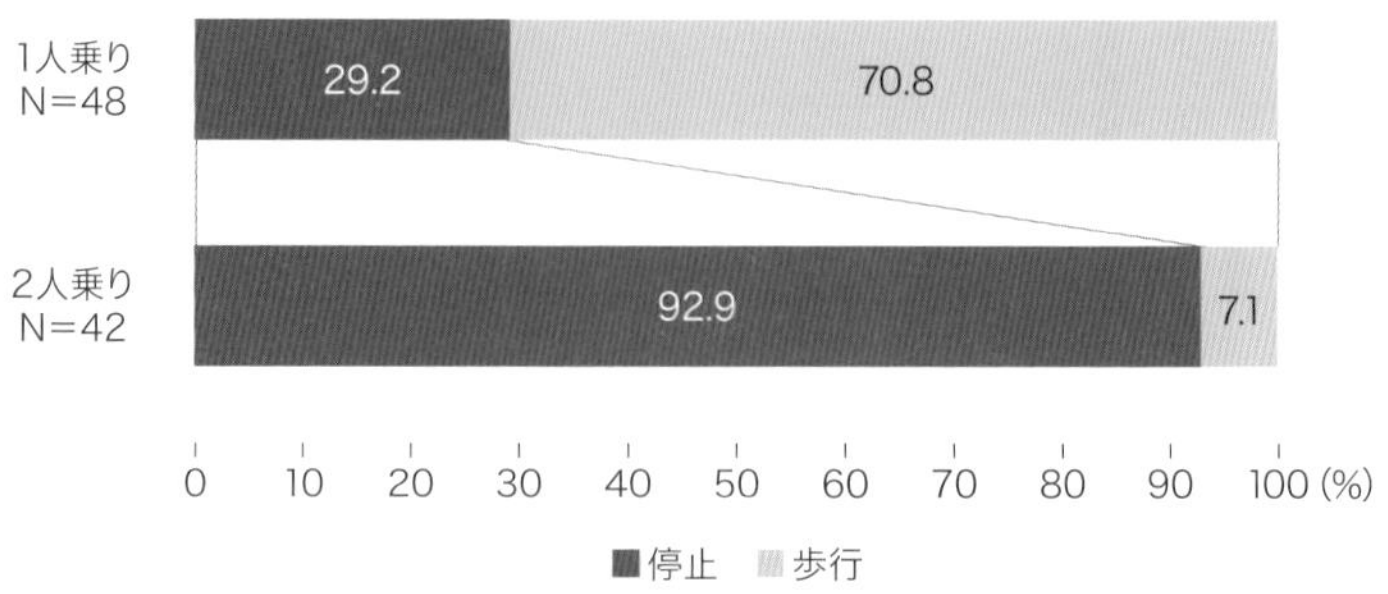

図 8-5　１人乗りと２人乗りの高齢者の歩行率（都内鉄道駅、筆者らの調査による）
１人乗りでは高齢者は無理に歩かされています。

写真 8-5　歩行中の高齢者（左）と、子供を抱えて歩く利用者（右）

身体能力に不安のある人の歩行や、荷物や子供を抱えて歩くなど両手がふさがった状態での歩行は、事故の危険性が高まります。

8.3 利用者の意識と課題

筆者らが行った関東地方居住者のエスカレーターに関するアンケート調査で、[3] 1人乗りエスカレーター利用中に受けた経験を聞いたところ図8－6のようになりました。無理やり追い越されたり、威嚇されるなど2人乗りエスカレーターにはないことが起きており、1人乗りエスカレーターでのトラブルが多いことを示しています。筆者も1人乗りの上りエスカレーターの先頭に乗っていた時、後ろから歩いてきた男性に「歩きたいからどけ」と言われ強引に追い越されたことがあります。

鉄道駅で完成当時エスカレーターが設置されていなかったものを後から追加して設置する場合、スペースがありませんので併設階段のない1人乗りエスカレーターのみというケースも見られますが、これまで述べてきたように状況により利用客が意に反して歩行を強いられる場合もあって、快適性・安全性の面から適切とはいえません。

写真8－6はある駅の1人乗りエスカレーターの乗降口に貼ってあるステッカーですが、「追い越し危険」の表示があり

写真8-6　１人乗りエスカレーターに貼られたステッカー
狭い幅での追い越しは大変危険な行為です。

ます。このステッカーがあることは1人しか乗れないエスカレーターで追い越しのトラブルが頻繁に起こっていることを示しているといえましょう。

従って歩行の習慣が改められない限り、急ぐ人の多い駅等では1人乗りのエスカレーターは交通弱者を無理やり歩かせ、かつトラブルを発生しやすいので、設置は慎重に行って欲しいと思います。

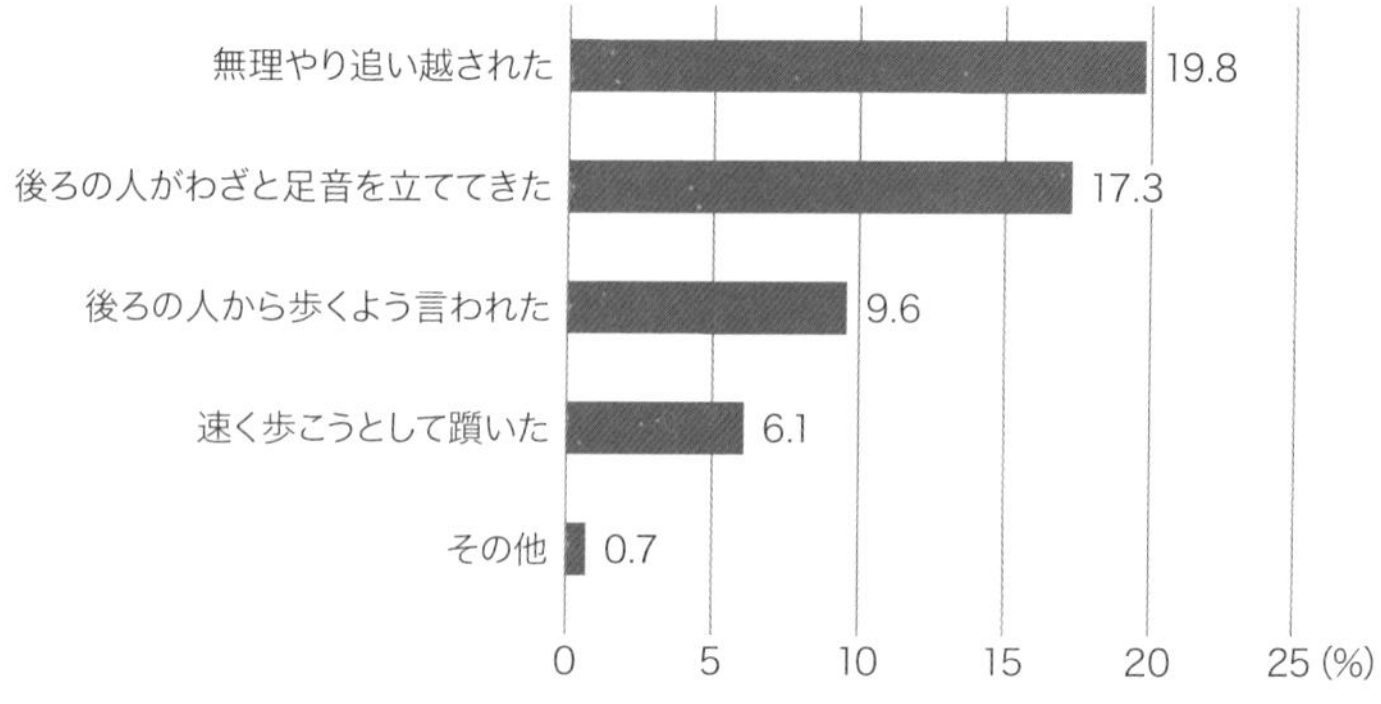

図8-6　１人乗りエスカレーター利用中に経験したこと（複数回答 N = 571）
１人乗りのトラブル事例は、急ぎたい後ろの人とのやり取りによるものが多くあげられます。

コーヒーブレーク　エスカレーター式

よくエスカレーター式という言葉を聞くことがあります。一度入学すれば小学校から大学まで受験なしで進級できる学校等に使われることが多いようです。エスカレーターに乗ればゆっくりですが確実に上まで連れて行ってくれる、というイメージと合うからなのでしょう。同じ昇降装置でもなぜかエレベーター式とはあまりいいません。エレベーターは上がったり下がったりと一方向ではないからでしょうか。若い人が入学試験に費やす努力は大変で、これがエスカレーター式で解消できるとしたら精神的にも時間的にも大きなプラスに違いありません。その一方で一旦エスカレーターに乗ると他の道に乗り換えるのが大変になってきます。人生のエスカレーターは選択に悩むことでしょう。

【参考文献】

1）日本エレベーター協会：*Elevator Journal* No.35，２０２１年８月

2）元田良孝、宇佐美誠史：１人乗りエスカレーター輸送の基本特性に関する研究（第59回土木計画学研究・講演集、２０１９年６月

3）宇佐美誠史、畠山眞智、元田良孝：鉄道駅設置のエスカレーターの歩行選択意識、第61回土木計画学研究・講演集、２０２０年６月

9 特殊なエスカレーター

この章では一風変わった特殊なエスカレーターについて紹介します。

9.1 動く歩道

動く歩道（ムービングサイドウォーク等とも呼ばれます）は空港や駅構内など多くの場所で使われていて、特殊とまではいえませんが、エスカレーターのひとつの形態です（写真9－1、9－2、9－3）。水平か緩やかな勾配で使われる設備で、ステップ間にほぼ段差がありません。エスカレーターが上下移動を支援する施設なら、動く歩道は長い距離の水平移動を支援する施設です。規定（平成12（２０００）年建設省告示第１４２４号）によりますと勾配が15度以下で、かつ踏段と踏段の間の段差が４㎜以下のエスカレーターを動く歩道としています。エスカレーターの初期の形態はベルトコンベアのようなものので、現在の動く歩道とよく似ており、エスカレーターの原点ともいえましょう。

動く歩道のメカニズムには、エスカレーターと同じように組み合わさった金属製の踏板（パレット）

写真 9-1　動く歩道（東京ビックサイト）
動く歩道は、空港や駅構内、大規模施設等に設置されています。

写真 9-2　空港内の動く歩道（伊丹空港）
一定割合で黄色い注意のマークが示されています。長距離を大きな荷物を持って移動する人が多い空港では、施設のあちこちに設置されています。

写真 9-3　動く歩道（東京駅）

が移動・循環するパレット式と、ベルトコンベアのようにゴム製のベルトが移動・循環するゴムベルト式の2種類があります。建築基準法でエスカレーターのステップ幅は1・1m以下となっていますが、動く歩道ではこれより広く1・6m以下としています。メーカーの規格はS800型、S1000型、S1400型（それぞれステップ幅が0・8m、1m、1・4m）があります。国土交通省の移動円滑化基準ガイドライン（バリアフリー整備ガイドライン）ではS1000型以上が、交通量が多い場合はS1400型が推奨されています。

「歩く歩道」という呼び方をする人もいますが、歩かなければならない施設ではありません。第3章で見ましたように、勾配が8度以下の施設では移動速度の上限は50m毎分（時速3㎞）以下と普通のエスカレーターより速くできますが、実際の動く歩道の運用は30～40m毎分とエスカレーターとあまり変わりません。斜路にして上下移動に使うことはできますが、勾配が緩いと昇降施設の占有面積が大きくなります。例えば通常の勾配30度のエスカレーターだと揚程（高低差）５ｍでは斜路の床面投影長さが約8・7ｍで済みますが、８度の斜路だと約36ｍもの長さになってしまうので、面積に余裕のある大規模な商業施設で用いられることがあります。

動く歩道も元々は歩くことを前提に考案されたものではありませんが、通常のエスカレーターのように「止まって乗ってください」という広報は一般にはされておらず、比較的自由に利用されています。この理由は、ステップ間の段差がなく勾配があまりないために転倒や転落の危険性が低いこと、主に設置されているＳ１４００型は幅が普通のエスカレーターより広く歩行する人と止まる人が接触しにくいことによると思われます。なおエスカレーターと違い、特殊な仕様でなくとも車いすの利用もできます。

動く歩道の実際の運行速度は30ｍ～40ｍ／分（時速1・8㎞～2・4㎞）と歩く速度（時速４㎞程度）よりもかなり遅く設定されています。このため歩いてしまう人も多いと思いますが、かといって速度を上げると（国内では50ｍ／分が上限）乗降口で利用者が動く歩道の速度に合わせられず転倒してしまう危険性があります。このため中間部では高速で、乗降口では減速する可変速式の動く歩道が考案され、メーカーにより「アクセルライナー」、「スピードウォーク」等と命名されています。その方法は巧妙で、次のように分類されます（分類は筆者によります。説明は理解しやすいように簡略化したので細部で正確でないこともありますがご容赦ください）。

①乗継型

速度の異なる独立した動く歩道を低速部→高速部→低速部、の順番で3台配置し、乗る時はまず乗り口の遅い速度の動く歩道に乗り、途中で次に配置される速い速度の動く歩道に乗り継ぎます。降りる時は逆に次に配置される遅い動く歩道に乗り継いで終点で降ります（図9－1）。乗り継ぎがスムーズにできるかどうかが課題です。

②パレット伸縮型[1]

踏板（パレット）が乗り口では進行方向に対して短く速度は遅くなっていますが、途中からパレットの奥行が伸長しつつ高速になります。降り口近くになると逆にパレットの奥行が短くなって減速します。速度はパレットの奥行の長さに比例しますので、2倍の長さになった場合、速度は乗り口の2倍となります（図9－2）。カナダのトロント・ピアソン国際空港で2009年に設置されたものは、乗り口では秒速0・65mで途中からパレットが伸びて秒速2m（時速7・2㎞）の高速となり、降りる時は再び秒速0・65mと遅くなります。パレットの速度に合わせて手すりも伸縮するようになっていましたが、現在は撤去されています。

③S字型

最も複雑で巧妙なメカニズムです。上から見ると変形S字型になり、

図 9-1　乗継型動く歩道の模式図

移動速度は速くなりますが、利用者にとっては乗り継ぎがスムーズにできるかが問題です。

乗り口と降り口が動く歩道中間部の中心線と角度（90°＋α）を付けて設置されます。踏板（パレット）は乗り口部では通常の動く歩道と同じく進行方向に直角に進みますが、パレットは常に動く歩道外の床面に対して同じ方向を向くので、歩道中間部では移動方向より90°－α度斜めの状態で進行します。斜めになることで動く歩道の進行方向の速度は入口部の1／sinα倍となりαが30度の場合2倍となります。降り口では逆の原理で減速します。乗降部を曲げて設置しなければなりませんので面積にある程度余裕が必要です（図9－3）。

可変速方式のほかに高速化する方法として、複数の速度の異なる動く歩道を並行して配置し、利用者に自分が乗ることができる速さの動く歩道を選ばせる方法があります。エスカレーターの例では、つくばエクスプレス秋葉原駅のように速いエスカレーターと遅いエスカレーターを並列して配備（動画0－1参照）し、床面の表示によって利用者に注意と選択を促せる方法を取っているところもあります（写真9－4）。しかし可変速の動く歩道は優れた特長があるものの普及までには至っていません。

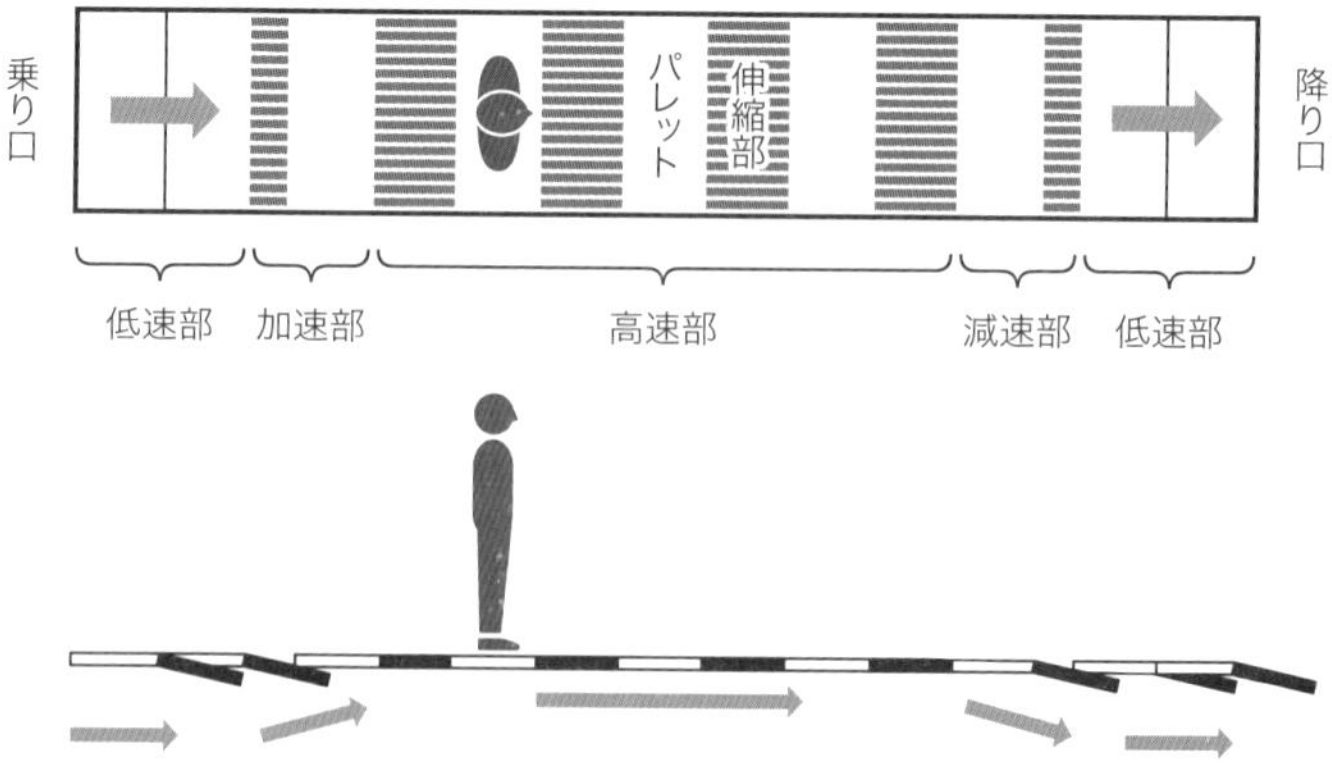

図 9-2 パレット伸縮型動く歩道の模式図
利用者の乗り継ぎが必要ないタイプの速度可変式動く歩道です。

写真 9-4　速度の違うエスカレーター配置の例（つくばエクスプレス秋葉原駅）

左端が高速エスカレーター。利用者が、自分に合った速度を選ぶことができます。

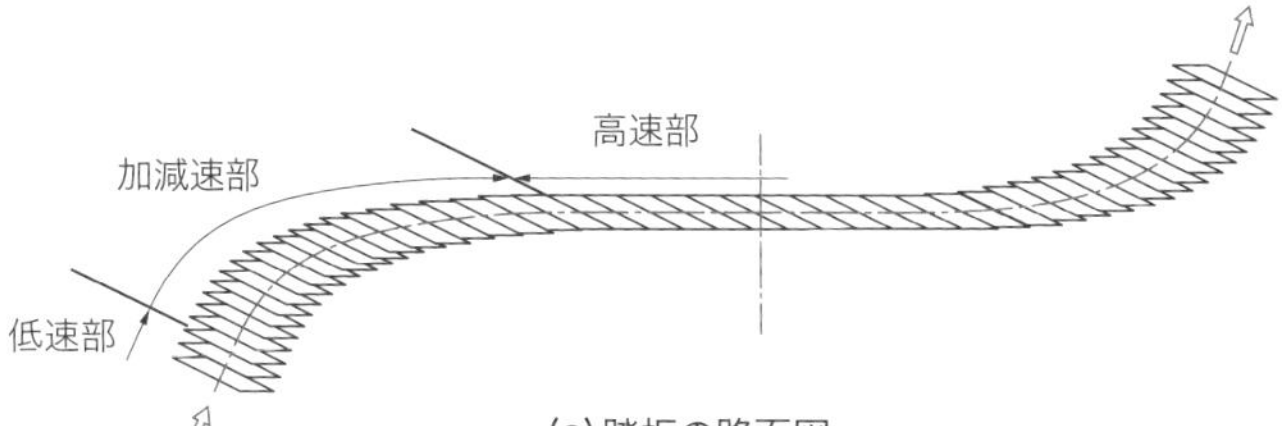

(a)踏板の路面図

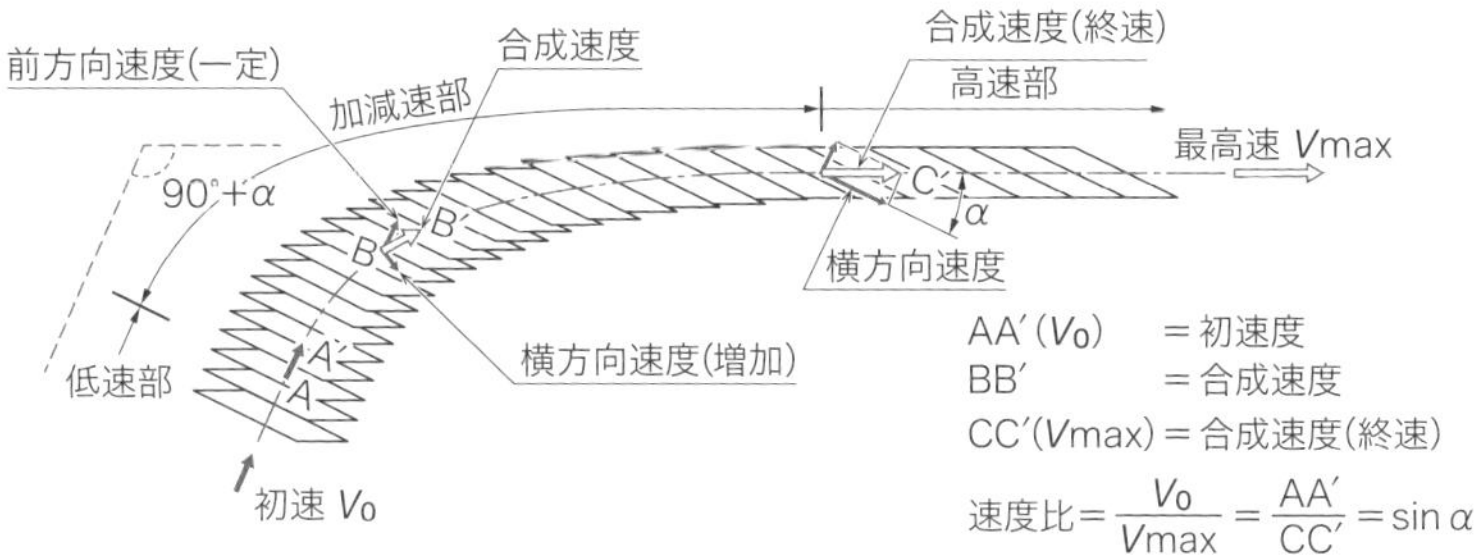

(b)加(減)速の作動原理説明図

図 9-3　可変速式動く歩道の説明図[2)]

乗降部を曲げて設置しなければなりませんので、面積にある程度余裕が必要です。

コーヒーブレーク　空港内の移動手段

動く歩道といえば空港を思い浮かべる人も多いのではないでしょうか。どこの空港のターミナルビルも広々としていますが、あれはサイズの大きな飛行機に合わせて作られるからです。例えば大型バスは長さが12m、幅が2．5mが多いですが、最も大きな旅客機であるエアバスA380は全長約73m、全幅が約80mと桁違いです。この大きな飛行機を並べるため、ターミナルビルも巨大化します。利用客は目的のゲートにたどり着くまで長い距離を歩かなければならないので、移動手段として動く歩道が使われることが多いのです。シンガポールやシカゴなど大きな空港では空港内専用の列車が走り回るところも珍しくありません。出発時間に間に合わせるため、動く歩道を急いで歩いた経験のある方も少なくないのではないでしょうか。

空港内移動用の鉄道（チャンギ国際空港スカイトレイン）

9.2　中間が水平になるエスカレーター[3]

通常のエスカレーターは直線で上り下りしますが、ちょうど階段の踊り場のように途中が水平になるエスカレーターもあります（写真9－5、9－6）。このような形状のエスカレーターが開発されたのにはいくつか理由があります。特に長い下りでは降り口が下方遠くに見えて、転落の恐怖心が起こることがあるからです。また上りでは視界が開ける利点があります。さらに建物の形状に合わせることもでき設計的にも有利な点があります。ただし視覚障害者などはエスカレーターが水平になると降り口と勘違いする利用者もいるので、乗り口や水平になる部分でのアナウンスが必要です。

9.3　急勾配のエスカレーター、緩勾配のエスカレーター[4]

通常のエスカレーターの勾配は30度ですが、ヨーロッパでは以前から35度のエスカレーターが普及していました。日本でもこの仕様に合わせるため２０００年に建築基準法施行令が改正されて、35度のやや急な角度のエスカレーターが設置できるようになりました。急勾配にする最大のメリットは省スペースと建物の設計の自由度が増すことです。ショッピングセンターのような商業施設ではエスカレーターの設置面積が小さくなればその分売り場面積を大きくできるメリットがあります。例えば５ｍの揚程（高低差）のエスカレーターでは、勾配30度のエスカレーターの斜路部分の床面の投影長さ

写真 9-5　途中が水平になるエスカレーター（JR 金沢駅(上)、JR 東京駅(下)）

恐怖を和らげる効果があり、また、既存の建物の天井や階段に合わせるためにこのような形が採用される場合があります。

写真 9-6　パリのポンピドゥー・センター

建物の前面にチューブ状のエスカレーターが設置されています。レンゾ・ピアノとリチャード・ロジャースによる設計です。

写真 9-7　勾配 35 度（左）と 30 度（右）の蹴上高さの比較

勾配 35 度では約 24cm、30 度では約 20cmとなっています。

は約8・7mですが、勾配35度では約7・1mと約1・6m短くなります。エスカレーターのステップ幅が2人乗りのS1000型として全体の設置幅を1・36mと仮定しますと、節約できる床面積は約2㎡となります。さらにエスカレーター斜路部分の延長が短くなるので利用者の移動時間も短くなります。先ほど示した例では勾配30度では斜路部分の移動に通常の毎分30mの速度では20秒必要ですが、勾配35度では約17秒となり3秒弱短くて済みます。斜路が短くなればエス

動画⑦

写真 9-8　勾配 35 度、30 度、16 度のエスカレーター（日枝神社）

日枝神社には 3 種類の勾配のエスカレーターが設置されています。また、これらは、利用者が近づくまでは停止しているエスカレーター、低速待機しているエスカレーター（2 速度切替）など、様々な仕様となっています。

カレーター全体の重量も軽減でき、建築の設計にも有利になります。

　勾配をもっと急にすれば節約できる床面積も増え、移動時間も短くなりますが、急角度では利用者の圧迫感、恐怖感が増えますし、蹴上が高くなり（写真9－7）、緊急停止した時の徒歩での避難が困難になりますので、これ以上急角度のエスカレーターは許可されていません。また規定により、勾配35度のエスカレーターの揚程

写真 9-9　勾配 16 度のエスカレーターの蹴上

赤坂側参道の山王橋に設置されている、緩勾配のエスカレーターです。

は６ｍまで、ステップの移動速度も30ｍ毎分までと制限されています（第３章参照）。

また、エスカレーターには、特殊な緩勾配のものもあります。赤坂の日枝神社には、勾配35度、勾配30度のほかに、勾配16度のエスカレーターが設置されています（写真９－８、動画⑦、写真９－９）。

9.4　らせんエスカレーター

エスカレーターは直線状に上り下りするのが普通ですが、らせんを描いて上り下りするエスカレーターも数は少ないですがあります。エスカレーターの発想元となった階段では、らせん階段はデザイン性があり、古くから用いられています。らせん状のエスカレーターも同じような発想からエスカレーター黎明期から構想がありました。第1章で紹介したエスカレーターの考案者であるリノやシーバーガーは20世紀初頭にロンドン地下鉄でらせん状のエスカレーターの構想や試作を行っています[5]。しかし直線状のエスカレーターと比べ技術的には複雑なメカニズムとなるので、これらは実用化されませんでした。

実用的な、らせんエスカレーターが開発されたのはエスカレーターの発明からかなり後で、日本の三菱電機株式会社の1号機が１９８４年に茨城県桜村（現つくば市）のショッピングセンターに上下2台納入されたのが初めてです。続けて翌１９８５年には大阪南港地域にあるインテックス大阪（大阪国際見本市会場）に納入されて、国内では現在数十台が稼働しています（写真９－10）。しかしいずれも特注製品であり、維持管理も通常のエスカレーターよりコストや技術を要すること、設置面積が

写真9-10　らせんエスカレーター（横浜ランドマークタワー）
このエスカレーターは、1993（平成5）年に竣工されました。内部のトラスは職人の手作りです。

大きいこと等から普及はしておらず、逆に廃止されるらせんエスカレーターもあります。偶然ですが筆者は1987～1989年まで茨城県桜村に住んでおり、この1号機のらせんエスカレーターを利用していました。メンテナンスのための利用中止が長かったことを記憶しています。しかしこのエスカレーターは後に直線状の普通のエスカレーターに交換され、その後ショッピングセンターも閉店しました。

デザイン的には優れたらせんエスカレーターですが、バリアフリー上は難点があると思います。以前筆者が視覚障害者のヒアリングをした時に、らせん階段やらせんエスカレーターは利用していると方向が分からなくなるので困るとの話を聞きました。視覚障害者は頭の中の地図を頼りに行動しますので、方角が分からなくなると混乱します。

国内ではあまり普及が見られませんが、海外では上海（写真9－11）やラスベガスなどで採用されているところがあります。現在世界で唯一のらせんエスカレーターの製造会社である三菱電機ビルソリューションズ株式会社によれば

写真 9-11　らせんエスカレーター（上海大丸デパート）（莫允倩氏提供）
地上 40m、6 層にも及ぶ大型のエスカレーターです。

国内・海外合わせて80台以上が納入されているとのことです（２０２１年現在）。

9.5 高速エスカレーター、長いエスカレーター、短いエスカレーター等

国内では通常のエスカレーターは30ｍ／分で運行されています。規則により勾配30度のエスカレーターの速度上限は45ｍ／分となっていますが、高速のエスカレーターでも40ｍ／分で運転されています（写真９－

写真 9-12　高速エスカレーターと床面表示の例（東急東横線渋谷駅）

この高速エスカレーターには人感センサーがついており、通常はアイドリング状態で、人が近づくと高速運行になります。安全のため、床面には黄色のマークと注意書きがなされています。

12は高速エスカレーターと床面表示の例）。しかし海外では速度の自由度が高く、これ以上の速度のエスカレーターもあります。ただ信頼できる文献がありませんので、参考までにインターネット上の動画からの測定した速度を紹介します（表9－1）。

一方国内で一番長いエスカレーターは香川県丸亀市の遊園地レオマワールド（1991年完成、現在名レオマリゾート・NEWレオマワールド）にある「マジックストロー」で、延長96m、高低差42m、所要時間約3分で上下各1台あります（2017年7月現在、日本エレベーター協会による）（写真9－13、9－14）。

ギネスブック[6)]によれば世界で最も長いエスカレーターは、香港のセントラル・ヒルサイド・エスカレーター（1993年完成）で延長800m、高低差135m、所要時間約20分です。早朝は通勤者のため下り運転ですがそれ以外は上り運転で、日交通量は55，000人以上とされています。ただしこのエスカレーターは複数のエスカレーターと動く歩道を乗り継ぐよう設計されており、マジックストローのような1台のエスカレーターではありません（写真9－15、9－16）。

ちなみにギネスブックに登録されている世界一短いエスカレーターは、神奈川県川崎市のデパート川崎モアーズにあるエスカレーター（1989年完成、上り1台）で、高低差は83・4㎝です。階段5段分の高さで所要時間は6秒程度です（写真9－17）。

その他の特徴あるエスカレーターを写真9－18、9－19に示します。

表 9-1　高速エスカレーター速度（Web 動画分析による）

都市名	上下	速度	高低差（揚程）	URL（アップデート日）
シンガポール	上	44 m/ 分	不明	https://www.youtube.com/watch?v=J-a8nG3TjVQ （2019/11/07）
	下	45 m/ 分		
香港	上	45 m/ 分	5m	https://www.youtube.com/watch?v=_3lqv9OhVJI （2019/06/07）
	下	45 m/ 分		
ブダペスト地下鉄	上	55 m/ 分	24m	https://www.youtube.com/watch?v=p0eE1UmdOnk （2017/07/28）
	下	55 m/ 分		
プラハ地下鉄	上	58 m/ 分	35m	https://www.youtube.com/watch?v=hJNvNy4bj0g （2013/07/21）
	下	57 m/ 分		

ステップ奥行 40㎝、勾配 30 度として計算

写真 9-13　日本一長いエスカレーター（NEW レオマワールド①）（宮崎耕輔氏提供）
遊園地に設置された屋外型エスカレーターで、時期によりイルミネーションによるライトアップのイベントも開催されます。

写真 9-14　日本一長いエスカレーター（NEW レオマワールド②）（宮崎耕輔氏提供）
中間部に水平の踊り場がつけられており、長さと高低差による恐怖が和らげられる工夫がされています。

写真 9-15　セントラル・ヒルサイド・エスカレーター①（Jaemin Lee 氏提供）
元々は、住民が通勤や買い物をするための足として作られたエスカレーターで、交通機関という位置づけです。

写真 9-16　セントラル・ヒルサイド・エスカレーター②（Zhong Hua 氏提供）
映画の舞台となったことから観光名所として脚光を浴びるようになりました。

写真 9-17　世界一短いエスカレーター（川崎モアーズ）

「プチカレーター」の愛称で親しまれています。エスカレーター内部には安全装置などを設置する必要があり、技術的に限界に近い長さといわれています。

写真 9-18　横手山スカイレーター

標高 2,060m と 2,110m を結んでいる屋外型エスカレーターで、「動く歩道」としては現存する日本最古のものといわれています。

写真 9-19　自転車用エスカレーター

自転車搬送用のベルトコンベアのような仕組みです。ブレーキをかけた状態で自転車を載せて使用します。

コーヒーブレーク　マンベルト

九州の池島炭鉱跡に行ったことがあります。戦後しばらくは石炭がエネルギーの主力で日本にも多くの炭鉱がありました。海外では大規模な露天掘りがありますが、日本では地下深く坑道を作り採炭を行っていました。坑道は数㎞以上にもわたり、地下1，000ｍという深さまで掘られていました。ですから鉱夫が地上から採炭現場にたどり着くまでには長い距離があり、坑内の交通にも工夫が凝らされていました。その中で「マンベルト」といわれる動く歩道に似た交通機関がありました。これは、人を乗せて動くベルトコンベアです。特殊なエスカレーターともいえますが、当時のビデオで見ると鉱夫は座って乗っていました。速度は分速100ｍといいますからエスカレーターの3・3倍で時速6㎞という高速です。坑内は湿度が高い上に狭く、落盤、爆発等の危険と隣り合わせだったといいます。高度成長期の日本のエネルギーを支えていただいた方々に改めて敬意を表します。

池島炭鉱跡（長崎市）
当時のトロッコ列車に乗車し、元炭鉱マンの説明を聞きながら見学することができます。

【参考文献】

1）Alberto Pello *et al.*：Application of Linear motor technology for variable speed passenger transportation systems, 3rd Symposium on Lift and Escalator Technologies, 2013

2）佐伯尋史 他：可変速式動く歩道〝スピードウォーク〟の開発、三菱重工技報、Vol.32 No.4, １９９５年7月

3）斎藤忠一 他：中間水平形エスカレーターの開発、日立評論、第71巻第10号、１９８９年10月

4）二瓶秀樹：エスカレータ、電気設備学会誌、第25巻第8号、pp.596-600, ２００５年8月

5）後藤茂：エスカレーター技術発展の系統化調査、国立科学博物館報告書、pp.73-137, ２００９年5月

6）https://www.guinnessworldrecords.jp/world-records/69205-longest-escalators（2021/08/27）

おわりに

世界中のほとんどの人にとって身近で、空気のように当たり前に存在していて、特に何も意識することなく利用していますが、存在しなかったらものすごく不便な移動環境になってしまうのがエスカレーターです。エスカレーターは、便利な乗り物として多くの人に利用されるのですが、ある時、本当に効率的で安全に人を運ぶことができているか疑問に思うようになりました。

効率面では、歩いてエスカレーターを利用したい人のために片側を空けることがなんとなくのルールになっています。その結果、混雑している時には本来の乗り方である立ち止まって乗る人の列が長くなってしまい、滞留を生んでいるように感じました。安全面からは、歩いている人と立ち止まっている人との接触がよく見られて、危ないし不快ではないかと思いました。

これらに関して、筆者らが都内の鉄道駅で数年にわたってエスカレーターの利用実態を観測する機会を得たことが、結果としてこの本が生まれるきっかけとなりました。本文では調査結果から得られた知見をたくさん盛り込んでいます。人はエスカレーターをどのように利用しているのか、危ない状況はどれくらい発生しているのか、エスカレーター利用者に占める歩行者の割合は何が要因で変わってくるのか、割合の違いによってどれくらい人を運べる速さが異なるのかなど、効率性や安全性に関するものです。

このような調査研究を行っている時に、左手が不自由でエスカレーターの右側に立って右手で手すりに掴まらないと安全に利用できないといった、身体の機能に障害を持った方が安心して利用できるようにすることの重要性を認識する機会がありました。本書にはバリアフリーに関する記述もあります。

その他、エスカレーターの歴史や構造を紹介したり、珍しいエスカレーターを写真で紹介したりなどしています。写真は筆者らが各地に足を運んで撮影したもの、知人にお願いして撮影してもらったものなど豊富に盛り込みました。少しでもエスカレーターに興味を持って読んでいただけると嬉しいです。

最後に、この本がきっかけでエスカレーターを立ち止まって利用していただく人が1人でも多くなると嬉しいです。執筆の機会をいただきありがとうございました。

2024年1月

宇佐美　誠史

【索　引】

【A～Z】

escalate …… 18・114
escalator …… 6・18
elevator …… 6・18
George H. Wheeler …… 17
Jesse W.Reno …… 17
Nathan Ames …… 17
S 字型 …… 155

【あ行】

移動円滑化基準 …… 49・87・92
移動障害者 …… 86
移動手すり …… 44・66
インレット …… 36・66・74
動く歩道 …… 5・21・24・151・172
エスカレーター「歩かず立ち止まろう」キャンペーン …… 76
エスカレーターガール …… 20
「エスカレーター、止まって乗りたい人がいる」キャンペーン …… 86
エスカレーターの歩行 …… 56・84・115
エスカレーターの右立ち左立ち …… 10
「エスカレーターを止まって乗る」キャンペーン …… 117
大阪万博 …… 21・115
音声案内 …… 91

【か行】

回転式階段 …… 17・38
架かり代 …… 42
くし …… 8・36・65・74・90
駆動機 …… 34・43
駆動チェーン …… 34・44
クリート …… 8・34・73
車いす用エスカレーター …… 82
蹴上高さ …… 161
建設省告示第1413号第2 …… 50・52
建設省告示第1417号第2 …… 52
建設省告示第1424号 …… 74・151
建築基準法 …… 7・31・49
建築基準法施行令 …… 49・159
建築基準法施行令第129条の12 …… 43・50～55・74
建築基準法第34条 …… 50
建築基準法第36条 …… 50
高速エスカレーター …… 12・110・165
交通需要 …… 108
交通バリアフリー法 …… 87
交通容量 …… 98・111
交通流率 …… 97・100・144
交通量 …… 97・103
勾配 …… 50・159
高齢者 …… 68・81・120・146
国土交通省告示第1046号 …… 43・53
国土交通省告示第1492号 …… 88
国土交通省令第111号 …… 88
ゴムベルト式 …… 153

【さ行】

埼玉県エスカレーターの安全な利用の促進に関する条例 …… 56

捌け時間……109・130
産業規模……28
シーバーガー……18
ジェス・W・リノ……17・38
視覚障害者……83・159・164
時間交通量……97・107
事故被害者……68
自働階段……18
自動停止装置……55
市有エスカレーターの安全利用に関する指針……59
障害を持つアメリカ人法（ADA法）……87
昇降機……50
ジョージ・H・ウィラー……17
新規設置台数……23・139
新京阪天神橋駅……20
進入方向の明示……91
スカートガード……36・66・72・74
ステップ……7・26・33・38・51・65・90
ステップ間隔……110
ステップの速度……52
スマホ（等）操作……72・122
生産規模……28
積載荷重……53

【た行】

耐震性……53
手すり……36・43・51・71・85・133
手すりガイド……45
デッキボード……44
デマケーション……35
デマケーションライン……74
点字ブロック……92
転倒……65
転落……67・75
東京大正博覧会……18
トラス……33・39
ドレスガード……37・73

【な行】

内側板……44
ながら動作……73・122
ネイサン・エームズ……17・38
ノーマライゼーション……87
乗り方不良……67
乗継型……154

【は行】

ハートビル法……87
挟まれ……65・72
バリアフリー……7・9・22・81・132
バリアフリー新法（高齢者、障害者等の移動等の円滑化の促進に関する法律）……49・87
バリアフリー整備ガイドライン……92・131・153
パレット式……153
パレット伸縮型……155
氷川丸……21
ピクトグラム……69・135
非常停止装置、非常停止ボタン……20・53・74
踏段……33・37・67・88・139

踏段チェーン、ステップチェーン……37・43
踏段幅（ステップ幅）…26・51・139・153
踏段面（ステップ面）……33・38・43
ベビーカー……136
ベルトコンベア……38・63・151・173
防火……50
歩行率……118・142
保守台数……23・139
保守点検業務……31
歩道橋……22

【ま行】
巻き込まれ事故……73
三越呉服店……19・139
「みんなで手すりにつかまろう」キャンペーン……118

【や行】
酔っ払い事故……67

【ら行】
ライザー……8・33・73
らせんエスカレーター……25・163
欄干……34・44
利用密度……101・111

付録　エスカレーターの主な法令

本書に記載した事項に関連するエスカレーターの主な法令を載せました。

建築基準法施行令（関連部分のみ）

（昭和 25 年政令第 338 号）

（エスカレーターの構造）

第百二十九条の十二　エスカレーターは、次に定める構造としなければならない。

一　国土交通大臣が定めるところにより、通常の使用状態において人又は物が挟まれ、又は障害物に衝突することがないようにすること。

二　勾配は、三十度以下とすること。

三　踏段（人を乗せて昇降する部分をいう。以下同じ。）の両側に手すりを設け、手すりの上端部が踏段と同一方向に同一速度で連動するようにすること。

四　踏段の幅は、一・一メートル以下とし、踏段の端から当該踏段の端の側にある手すりの上端部の中心までの水平距離は、二十五センチメートル以下とすること。

五　踏段の定格速度は、五十メートル以下の範囲内において、エスカレーターの勾配に応じ国土交通大臣が定める毎分の速度以下とすること。

六　地震その他の震動によつて脱落するおそれがないものとして、国土交通大臣が定めた構造方法を用いるもの又は国土交通大臣の認定を受けたものとすること。

2　建築物に設けるエスカレーターについては、第百二十九条の四（第三項第五号から第七号までを除く。）及び第百二十九条の五第一項の規定を準用する。この場合において、次の表の上欄に掲げる規定中同表の中欄に掲げる字句は、それぞれ同表の下欄に掲げる字句に読み替えるものとする。（略）

3　エスカレーターの踏段の積載荷重は、次の式によつて計算した数値以上としなければならない。

$$P = 2,600A$$

（この式において、P及びAは、それぞれ次の数値を表すものとする。

P　エスカレーターの積載荷重（単位　ニュートン）

A　エスカレーターの踏段面の水平投影面積（単位　平方メートル））

4　エスカレーターには、制動装置及び昇降口において踏段の昇降を停止させることができる装置を設けなければならない。

5　前項の制動装置の構造は、動力が切れた場合、駆動装置に故障が生じた場合、人又は物が挟まれた場合その他の人が危害を受け又は物が損傷するおそれがある場合に自動的に作動し、踏段に生ずる進行方向の加速度が一・二五メートル毎秒毎秒を超えることなく安全に踏段を制止させることができるものとして、国土交通大臣が定めた構造方法を用いるもの又は国土交通大臣の認定を受けたものとしなければならない。

特殊な構造又は使用形態のエレベーター及びエスカレーターの構造方法を定める件

（平成12年5月31日建設省告示第1413号）

建築基準法施行令（昭和二十五年政令第三百三十八号）第百二十九条の三第二項第一号及び第二号の規定に基づき、特殊な構造又は使用形態のエレベーター及びエスカレーターの構造方法を次のように定める。
（中略）

第二　令第百二十九条の三第二項第二号に掲げる規定を適用しない特殊な構造又は使用形態の特殊な構造又は使用形態のエスカレーターは、次の各号に掲げるエスカレーターの種類に応じ、それぞれ当該各号に定める構造方法を用いるものとする。

一　勾《こう》配が三十度を超えるエスカレーター　令第百二十九条の住に第一項第一号、第三号及び第四号の規定によるほか、次に定める構造であること。

イ　勾《こう》配は、三十五度以下としていること。

ロ　踏段の定格速度は、三十メートル以下としていること。

ハ　揚程は、六メートル以下としていること。

ニ　踏段の奥行きは、三十五センチメートル以上としていること。

ホ　昇降口においては、二段以上の踏段のそれぞれの踏段と踏段の段差（踏段の勾《こう》配を十五度以下としたすりつけ部分を除く。以下同じ。）を四ミリメートル以下としていること。

ヘ　平成十二年建設省告示第千四百十七号第一ただし書に規定する車いす使用者用エスカレーターでないこと。

二　踏段の幅が一・一メートルを超えるエスカレーター　令第百二十九条の十二第一項第一号、第三号及び第五号の規定によるほか、次に定める構造であること。

イ　勾《こう》配は、四度以下としていること。

ロ　踏段と踏段の段差は、四ミリメートル以下としていること。

ハ　踏段の幅は、一・六メートル以下とし、踏段の端から当該踏段の端の側にある手すりの上端部の中心までの水平距離は、二十五センチメートル以下としていること。

三　速度が途中で変化するエスカレーター　次に定める構造であること。

イ　毎分の速度が五十メートル以上となる部分にあっては、手すりの上端部の外側から壁その他の障害物（毎分の速度が五十メートル以上となる部分において連続している壁で踏段の上の人が挟まれるおそれのないものを除く。）までの距離は、五十センチメートル以上としていること。

ロ　踏段側部とスカートガードのすき間は、五ミリメートル以下としていること。

ハ　踏段と踏段のすき間は、五ミリメートル以下としていること。

ニ　踏段と踏段の段差は、四ミリメートル以下としていること。

ホ　勾《こう》配は、踏段の速度が変化する部分にあっては四度以下とし、それ以外の部分にあっては八度以下としていること。

へ　踏段の幅は、一・六メートル以下とし、踏段の端から当該踏段の端の側にある手すりの上端部の中心までの水平距離は、二十五センチメートル以下としていること。

ト　踏段の両側に手すりを設け、その手すりが次の（1）又は（2）のいずれかの基準に適合するものであること。

（1）　手すりの上端部が、通常の場合において当該手すりの上端部をつかむ人が乗る踏段と同一方向に同一速度で連動するようにしたものとしていること。

（2）　複数の速度が異なる手すりを、これらの間に固定部分を設ける等により挟まれにくい構造として組み合せたもので、次の手すりを持ち替えるまでの間隔が二秒以上（おおむね手すりと同一の高さとした手すりの間の固定部分の長さを十五センチメートル以下としたものを除く。）で、かつ、それぞれの手すりの始点から終点に至るまでの手すりと踏段との進む距離の差が四十センチメートル以下であること。

チ　踏段の毎分の速度は、昇降口において、五十メートル以下としていること。

リ　踏段の速度の変化により踏段の上の人に加わる加速度は、速度が変わる部分の踏段の勾《こう》配が三度以下の部分にあっては〇・五メートル毎秒毎秒以下、三度を超え四度以下の部分にあっては〇・三メートル毎秒毎秒以下としていること。

通常の使用状態において人又は物が挟まれ、又は障害物に衝突することがないようにしたエスカレーターの構造及びエスカレーターの勾配に応じた踏段の定格速度を定める件

（平成12年5月31日建設省告示第1417号）

建築基準法施行令（昭和二十五年政令第三百三十八号）第百二十九条の十二第一項第一号及び第五号の規定に基づき、通常の使用状態において人又は物が挟まれ、又は障害物に衝突することがないようにしたエスカレーターの構造及びエスカレーターの勾配に応じた踏段の定格速度を次のように定める。

第一　建築基準法施行令（以下「令」という。）第百二十九条の十二第一項第一号に規定する人又は物が挟まれ、又は障害物に衝突することがないようにしたエスカレーターの構造は、次のとおりとする。ただし、車いすに座ったまま車いす使用者を昇降させる場合に二枚以上の踏段を同一の面に保ちながら昇降を行うエスカレーターで、当該運転時において、踏段の定格速度を三十メートル以下とし、かつ、二枚以上の踏段を同一の面とした部分の先端に車止めを設けたものにあっては、第一号及び第二号の規定は適用しない。

一　踏段側部とスカートガードのすき間は、五ミリメートル以下とすること。

二　踏段と踏段のすき間は、五ミリメートル以下とすること。

三　エスカレーターの手すりの上端部の外側とこれに近接して交差する建築物の天井、

はりその他これに類する部分又は他のエスカレーターの下面（以下「交差部」という。）の水平距離が五十センチメートル以下の部分にあっては、保護板を次のように設けること。

イ 交差部の下面に設けること。

ロ 端は厚さ六ミリメートル以上の角がないものとし、エスカレーターの手すりの上端部から鉛直に二十センチメートル以下の高さまで届く長さの構造とすること。

ハ 交差部のエスカレーターに面した側と段差が生じないこと。

第二 令第百二十九条の十二第一項第五号に規定するエスカレーターの勾配に応じた踏段の定格速度は、次の各号に掲げる勾配の区分に応じ、それぞれ当該各号に定める速度とする。

一　勾配が八度以下のもの　五十メートル

二　勾配が八度を超え三十度（踏段が水平でないものにあっては十五度）以下のもの　四十五メートル

附　則

この告示は、平成十二年六月一日から施行する。

エスカレーターの制動装置の構造方法を定める件

（平成 12 年 5 月 31 日建設省告示第 1424 号）

建築基準法施行令（昭和二十五年政令第三百三十八号）第百二十九条の十二第五項の規定に基づき、エスカレーターの制動装置の構造方法を次のように定める。

エスカレーターの制動装置の構造方法は、次に定めるものとする。

一　建築基準法施行令第百二十九条の十二第三号から第五号までの基準に適合するエスカレーターの制動装置であること。

二　次のイからホまで（勾配が十五度以下で、かつ、踏段と踏段の段差（踏段の勾配を十五度以下としたすりつけ部分を除く。以下同じ。）が四ミリメートル以下のエスカレーターにあっては、ニを除く。）に掲げる状態を検知する装置を設けること。

イ 踏段くさりが異常に伸びた状態

ロ 動力が切断された状態

ハ 昇降口において床の開口部を覆う戸を設けた場合においては、その戸が閉じようとしている状態

ニ 昇降口に近い位置において人又は物が踏段側面とスカートガードとの間に強く挟まれた状態

ホ 人又は物がハンドレールの入込口に入り込んだ状態

三　前号イからホまでに掲げる状態が検知された場合において、上昇している踏段の何も乗せない状態での停止距離を次の式によって計算した数値以上で、かつ、勾配が十五度を超えるエスカレーター又は踏段と踏段の段差が四ミリメートルを超えるエスカレーターにあっては、〇・六メートル以下とすること。

$$S = V^2/9,000$$

（この式において、S及びVは、それぞれ次の数値を表すものとする。
S　踏段の停止距離（単位　メートル）
V　定格速度（単位　毎分メートル））

附　則

この告示は、平成十二年六月一日から施行する。

地震その他の震動によってエスカレーターが脱落するおそれがない構造方法を定める件

（平成25年10月29日国土交通省告示第1046号）

建築基準法施行令（昭和二十五年政令第三百三十八号）第百二十九条の十二第一項第六号の規定に基づき、地震その他の震動によってエスカレーターが脱落するおそれがない構造方法を次のように定める。

建築基準法施行令（昭和二十五年政令第三百三十八号。以下「令」という。）第百二十九条の十二第一項第六号に規定する地震その他の震動によってエスカレーターが脱落するおそれがない構造方法は、エスカレーターが床又は地盤に自立する構造である場合その他地震その他の震動によって脱落するおそれがないことが明らかである場合を除き、次のいずれかに定めるものとする。

第一　次に定める構造方法とすること。

一　一の建築物に設けるものとすること。

二　エスカレーターのトラス又ははり（以下「トラス等」という。）を支持する構造は、トラス等の一端を支持部材を用いて建築物のはりその他の堅固な部分（以下「建築物のはり等」という。）に固定し、その他端の支持部材を建築物のはり等の上にトラス等がしゅう動する状態（以下「一端固定状態」という。）で設置したもの又はトラス等の両端の支持部材を建築物のはり等の上にトラス等がしゅう動する状態（以下「両端非固定状態」という。）で設置したものであること。

三　トラス等がしゅう動する状態で設置する部分（以下「非固定部分」という。）において、エスカレーターの水平投影の長辺方向（以下単に「長辺方向」という。）について、トラス等の一端の支持部材を設置した建築物のはり等とその他端の支持部材を設置した建築物のはり等との相互間の距離（以下単に「建築物のはり等の相互間の距離」という。）が地震その他の震動によって長くなる場合にトラス等の支持部材がしゅう動可能な水平距離（以下この号において「かかり代長さ」という。）が、次のイ又はロに掲げる場合に応じてそれぞれ次の表に掲げる式に適合するものであること。

イ　一端固定状態の場合

	隙間及び層間変位について想定する状態	かかり代長さ
(一)	ΣγH − C ≦ 0 の場合	B ≧ΣγH ＋ 20
(二)	0 <ΣγH − C ≦ 20 の場合	B ≧ΣγH ＋ 20
(三)	20 <ΣγH − C の場合	B ≧ 2 ΣγH − C

一　この表において、C、γ、H 及び B は、それぞれ次の数値を表すものとする。
C　非固定部分における建築物のはり等の相互間の距離が地震その他の震動によって長辺方向に短くなる場合にトラス等の支持部材がしゅう動可能な水平距離（以下「隙間」という。）（単位　ミリメートル）
γ　エスカレーターの上端と下端の間の各階の長辺方向の設計用層間変形角
H　エスカレーターの上端と下端の間の各階の揚程（単位　ミリメートル）
B　かかり代長さ（単位　ミリメートル）
二　（二）項及び（三）項の適用は、長辺方向の設計用層間変形角における層間変位によって、エスカレーターが建築物のはり等と衝突することによりトラス等に安全上支障となる変形が生じないことをトラス等強度検証法（第三に規定するトラス等強度検証法をいう。）によって確かめた場合に限る。

ロ　両端非固定状態の場合

	隙間及び層間変位について想定する状態	かかり代長さ
(一)	ΣγH − C − D ≦ 0 の場合	B ≧ΣγH ＋ D ＋ 20
(二)	0 <ΣγH − C − D ≦ 20 の場合	B ≧ΣγH ＋ D ＋ 20
(三)	20 <ΣγH − C − D の場合	B ≧ 2 ΣγH − C

一　この表において、C、D、γ、H 及び B は、それぞれ次の数値を表すものとする。
C　計算しようとする一端の隙間（単位　ミリメートル）
D　他端の隙間（単位　ミリメートル）
γ　エスカレーターの上端と下端の間の各階の長辺方向の設計用層間変形角
H　エスカレーターの上端と下端の間の各階の揚程（単位　ミリメートル）
B　かかり代長さ（単位　ミリメートル）
二　（二）項及び（三）項の適用は、長辺方向の設計用層間変形角における層間変位によって、エスカレーターが建築物のはり等と衝突することによりトラス等に安全上支障となる変形が生じないことをトラス等強度検証法によって確かめた場合に限る。

（以下略）

附　則

この告示は、平成二十六年四月一日から施行する。

附　則　（平成二八年八月三日国土交通省告示第九一七号）

この告示は、公布の日から施行する。

移動等円滑化のために必要な旅客施設又は車両等の構造及び設備並びに旅客施設及び車両等を使用した役務の提供の方法に関する基準を定める省令（関連部分のみ）

（平成 18 年 12 月 15 日国土交通省令第 111 号）

第二章　旅客施設の構造及び設備

（適用範囲）

第三条　旅客施設の構造及び設備については、この章の定めるところによる。

第二節　共通事項

第一款　移動等円滑化された経路

（移動等円滑化された経路）

第四条　公共用通路（旅客施設の営業時間内において常時一般交通の用に供されている一般交通用施設であって、旅客施設の外部にあるものをいう。以下同じ。）と車両等の乗降口との間の経路であって、高齢者、障害者等の円滑な通行に適するもの（以下「移動等円滑化された経路」という。）を、乗降場ごとに一以上設けなければならない。

2　移動等円滑化された経路において床面に高低差がある場合は、傾斜路又はエレベーターを設けなければならない。ただし、構造上の理由により傾斜路又はエレベーターを設置することが困難である場合は、エスカレーター（構造上の理由によりエスカレーターを設置することが困難である場合は、エスカレーター以外の昇降機であって車椅子使用者の円滑な利用に適した構造のもの）をもってこれに代えることができる。

（中略）

9　移動等円滑化された経路を構成するエスカレーターは、次に掲げる基準に適合するものでなければならない。ただし、第七号及び第八号については、複数のエスカレーターが隣接した位置に設けられる場合は、そのうち一のみが適合していれば足りるものとする。

一　上り専用のものと下り専用のものをそれぞれ設置すること。ただし、旅客が同時に双方向に移動することがない場合については、この限りでない。

二　踏み段の表面及びくし板は、滑りにくい仕上げがなされたものであること。

三　昇降口において、三枚以上の踏み段が同一平面上にあること。

四　踏み段の端部の全体がその周囲の部分と色の明度、色相又は彩度の差が大きいことにより踏み段相互の境界を容易に識別できるものであること。

五　くし板の端部と踏み段の色の明度、色相又は彩度の差が大きいことによりくし板と踏み段との境界を容易に識別できるものであること。

六　エスカレーターの上端及び下端に近接する通路の床面等において、当該エスカレーターへの進入の可否が示されていること。ただし、上り専用又は下り専用でないエスカレーターについては、この限りでない。

七　幅は、八十センチメートル以上であること。

八　踏み段の面を車椅子使用者が円滑に昇降するために必要な広さとすることができる構造であり、かつ、車止めが設けられていること。

（エスカレーター）

第七条　エスカレーターには、当該エスカレーターの行き先及び昇降方向を音声により知らせる設備を設けなければならない。

第二款　通路等

（視覚障害者誘導用ブロック等）

第九条　通路その他これに類するもの（以下「通路等」という。）であって公共用通路と車両等の乗降口との間の経路を構成するものには、視覚障害者誘導用ブロックを敷設し、又は音声その他の方法により視覚障害者を誘導する設備を設けなければならない。ただし、視覚障害者の誘導を行う者が常駐する二以上の設備がある場合であって、当該二以上の設備間の誘導が適切に実施されるときは、当該二以上の設備間の経路を構成する通路等については、この限りでない。

（中略）

3　階段、傾斜路及びエスカレーターの上端及び下端に近接する通路等には、点状ブロックを敷設しなければならない。

第三款　案内設備

（標識）

第十一条　エレベーターその他の昇降機、傾斜路、便所、乗車券等販売所、待合所、案内所若しくは休憩設備（次条において「移動等円滑化のための主要な設備」という。）又は次条第一項に規定する案内板その他の設備の付近には、これらの設備があることを表示する標識を設けなければならない。

2　前項の標識は、日本産業規格Ｚ八二一〇に適合するものでなければならない。

（移動等円滑化のための主要な設備の配置等の案内）

第十二条　公共用通路に直接通ずる出入口（鉄道駅及び軌道停留場にあっては、当該出入口又は改札口。次項及び第七十五条において同じ。）の付近には、移動等円滑化のための主要な設備（第四条第三項前段の規定により昇降機を設けない場合にあっては、同項前段に規定する他の施設のエレベーターを含む。以下この条において同じ。）の配置を表示した案内板その他の設備を備えなければならない。ただし、移動等円滑化のための主要な設備の配置を容易に視認できる場合

は、この限りでない。

2　公共用通路に直接通ずる出入口の付近その他の適切な場所に、旅客施設の構造及び主要な設備の配置を音、点字その他の方法により視覚障害者に示すための設備を設けなければならない。

第三章　車両等の構造及び設備

第五節　船舶

（適用範囲）

第四十六条　船舶の構造及び設備については、この節の定めるところによる。

（昇降機）

第五十三条　第四十八条第一項の基準に適合する出入口及び同条第二項の基準に適合する車両区域の出入口と基準適合客席又は船内車椅子スペースが別甲板にある場合には、第五十一条第一項の基準に適合する通路に、エレベーター、エスカレーターその他の昇降機であって高齢者、障害者等の円滑な利用に適した構造のものを一以上設けなければならない。

（中略）

4　第一項の規定により設けられるエスカレーターは、次に掲げる基準に適合するものでなければならない。

一　エスカレーターが一のみ設けられる場合にあっては、昇降切換装置が設けられていること。

二　勤務する者を呼び出すための装置が設けられていること。

5　第四条第九項（同項第一号及び第六号を除く。）の規定は、第一項の規定により設けられるエスカレーターについて準用する。

（点状ブロック）

第五十八条　階段及びエスカレーターの上端及び下端並びにエレベーターの操作盤に近接する通路には、点状ブロックを敷設しなければならない。

第四章　旅客施設及び車両等を使用した役務の提供の方法

（旅客施設及び車両等を使用した役務の提供の方法に関する基準の遵守に係る体制の確保）

第六十八条　公共交通事業者等は、この章に定める旅客施設及び車両等を使用した役務の提供の方法に関する基準を遵守するため、人員の配置その他の必要な体制の確保を図らなければならない。

第二節　旅客施設

第一款　総則

（適用範囲）

第六十九条　旅客施設を使用した役務の提供の方法については、この節の定めるところに

よる。

第二款　共通事項

（移動等円滑化された経路）

第七十条　移動等円滑化された経路を構成するエレベーターについては、次に掲げる基準を遵守しなければならない。

（中略）

2　移動等円滑化された経路を構成するエスカレーターその他の昇降機（エレベーターを除く。）であって車椅子使用者の円滑な利用に適した構造のものについては、車椅子使用者が当該昇降機を円滑に利用するために必要となる役務を提供しなければならない。ただし、当該昇降機を使用しなくても円滑に昇降できる場合は、この限りでない。

3　移動等円滑化された経路を構成する通路については、照明設備が設けられた場合には、当該照明設備を使用して、適切な照度を確保しなければならない。ただし、日照等によって当該照度が確保されているときは、この限りでない。

4　前各項の規定は、乗継ぎ経路について準用する。

（エスカレーター）

第七十一条　エスカレーターについては、第七条の設備が設けられた場合には、当該設備を使用して、当該エスカレーターの行き先及び昇降方向が音声により知らされるようにしなければならない。

第三節　車両等

第六款　船舶

第百二条　第五十一条第二項において準用する同条第一項の基準に適合する通路に設けられたエレベーターについては、次に掲げる基準を遵守しなければならない。

（中略）

2　第五十一条第一項の基準に適合する通路に設けられたエスカレーターその他の昇降機（エレベーターを除く。）であって高齢者、障害者等の円滑な利用に適した構造のものについては、車椅子使用者が当該昇降機を円滑に利用するために必要となる役務を提供しなければならない。ただし、当該昇降機を使用しなくても円滑に昇降できる場合は、この限りでない。

（以下略）

高齢者、障害者等の移動等の円滑化の促進に関する法律施行令の規定により特殊な構造又は使用形態のエレベーターその他の昇降機等を定める件

（平成 18 年 12 月 15 日国土交通省告示第 1492 号）

第一　高齢者、障害者等の移動等の円滑化の促進に関する法律施行令（以下「令」という。）

第十八条第二項第六号に規定する国土交通大臣が定める特殊な構造又は使用形態のエレベーターその他の昇降機は、次に掲げるものとする。

(中略)
二　車いすに座ったまま車いす使用者を昇降させる場合に二枚以上の踏段を同一の面に保ちながら昇降を行うエスカレーターで、当該運転時において、踏段の定格速度を三十メートル毎分以下とし、かつ、二枚以上の踏段を同一の面とした部分の先端に車止めを設けたもの
(以下略)

※巻末側からご覧ください

著者略歴

元田　良孝（もとだ　よしたか）

東京工業大学大学院修了後建設省に入省し、在フィリピン日本国大使館一等書記官、建設省土木研究所交通安全研究室長、和歌山県道路建設課長、近畿地方建設局大阪国道工事事務所長等を経て 1998 年岩手県立大学総合政策学部教授となる。

現在は岩手県立大学名誉教授、国土交通省道路技術小委員会委員、著書に交通工学（森北出版）、地震工学概論（森北出版）等、専門は交通工学。

宇佐美　誠史（うさみ　せいじ）

福井大学大学院博士後期課程終了後に母校の大阪府立工業高等専門学校（現在の大阪公立大学工業高等専門学校）を経て、2005 年に岩手県立大学総合政策学部助手となる。

現在は同学部准教授、NPO 法人イーハトーブ地域情報マネジメント理事長、専門は交通工学。

エスカレーターのかがく
交通・輸送手段から考える

定価はカバーに表示してあります。

2024 年 1 月 28 日　初版発行

著　者　元 田 良 孝、宇佐美 誠 史

発行者　小 川 啓 人

印　刷　株式会社 丸井工文社

製　本　東京美術紙工協業組合

発行所 株式会社 成山堂書店

〒160-0012　東京都新宿区南元町 4 番 51　成山堂ビル

TEL：03(3357)5861　FAX：03(3357)5867

URL：https://www.seizando.co.jp

落丁・乱丁本はお取り換えいたしますので、小社営業チーム宛にお送りください。

©2024 Yoshitaka Motoda, Seiji Usami

Printed in Japan

ISBN978-4-425-98551-7

成山堂書店の
図書案内

交通ブックス 120

進化する東京駅 –街づくりからエキナカ開発まで–

野﨑哲夫　著

四六判・228 頁・定価 1,760 円（税込）

ISBN978-4-425-76191-3

東京駅の開業からの歴史に加えて、JR 東日本誕生後に本格化したエキナカ開発と、これらと連係した周辺地区開発を総合的に紹介。

単に駅・駅内施設の改良の歴史ではなく、鉄道とエキナカ、周辺の街を含むエキソトとの融合、一体的開発・運営といった、いわば一つの都市（＝駅都市：ステーションシティ）を形づくるべく進化・発展を図る東京駅の姿を描く。

交通ブックス 127

路面電車 –運賃収受が成功のカギとなる！？–

柚原 誠　著

四六判・236 頁・定価 1,980 円（税込）

ISBN978-4-425-76261-3

LRT と路面電車は異なる乗り物なのか？　いや、本質的には何ら変わるものではない。日本でも現代の路面電車、次世代型路面電車として注目を浴びて久しいが、欧米に比べて、なぜ普及・浸透してこなかったのか？　著者はそのカギを運賃収受の方法にあると指摘する。

海外事例と比較・検証し、大量輸送かつ定時運行が可能な LRT（路面電車）導入成功のための改善策を提案。LR（路面電車）が速くて便利な公共交通になり得るか、その可能性に迫る一冊！